基础模块

基础模块涵盖了家具造型设计所需要的基础知识，包括家具类型、家具风格、家具物质技术、家具功能尺寸等内容。通过此模块的学习，可以加深学生对家具全方面的了解，从而为家具造型设计提供参考依据。

建议学时：20学时

项目1 家具类型

项目描述

家具的种类样式繁杂，应用场所多样，如何对其科学地分类呢？

本项目共涉及5个任务，分别从家具的功能、使用场所、选用材料、结构形式、安置形式等方面对家具进行归类。家具的科学分类有助于学生更好地了解家具的基本构成，便于从不同角度对家具进行鉴赏和分析。

项目目标

1. 掌握家具的分类形式。
2. 掌握常用家具的基本功能类型。
3. 了解常用家具材料的基本特性及应用。
4. 了解常用家具的结构形式。
5. 掌握基本的家具安置形式。
6. 了解中国传统家具的文化内涵。

项目计划

项目任务	主要知识点	学时
任务1.1 家具使用功能分类	坐卧类家具、桌台类家具、储藏类家具、装饰类家具	1
任务1.2 家具使用场所分类	室内住宅空间家具、室内公共空间家具、室外空间家具	0.5
任务1.3 家具材料分类	木质家具、竹藤家具、塑料家具、玻璃家具、金属家具、软体家具、其他材料家具	0.5
任务1.4 家具结构形式分类	框式家具、板式家具、折叠家具、壳体家具、弯曲木家具	0.5
任务1.5 家具安置形式分类	固定式家具、移动式家具、滚动式家具、悬挂式家具	0.5
项目拓展 中国传统家具——民族精神的缩影	以礼待人、中庸之道、天人合一	1

中国轻工业"十四五"规划立项教材

家具造型设计与模型制作

裴斐　张波　　主　编
陶然　于静　李青　　副主编

中国轻工业出版社

图书在版编目（CIP）数据

家具造型设计与模型制作 / 裴斐，张波主编. —北京：中国轻工业出版社，2024.9
ISBN 978-7-5184-4926-2

Ⅰ. ①家… Ⅱ. ①裴… ②张… Ⅲ. ①家具—造型设计 Ⅳ. ①TS664.01

中国国家版本馆CIP数据核字（2024）第070871号

责任编辑：陈　萍
文字编辑：王　宁　　责任终审：李建华　　设计制作：锋尚设计
策划编辑：陈　萍　　责任校对：晋　洁　　责任监印：张　可

出版发行：中国轻工业出版社（北京鲁谷东街5号，邮编：100040）
印　　刷：艺堂印刷（天津）有限公司
经　　销：各地新华书店
版　　次：2024年9月第1版第1次印刷
开　　本：787×1092　1/16　印张：13.5
字　　数：330千字
书　　号：ISBN 978-7-5184-4926-2　定价：68.00元
邮购电话：010-85119873
发行电话：010-85119832　010-85119912
网　　址：http://www.chlip.com.cn
Email：club@chlip.com.cn

210538J2X101ZBW

前　言

家具有着悠久的历史，是人们社会生活和生产劳动中必不可少的器具，也是一个国家和地区物质文明的标志。家具造型是人们在生活中不断摸索、总结、完善的成果，在家具的造型上能够体现出人们的生活方式、兴趣爱好、文化追求等，因此家具是精神文明和物质文明交融的产物。本教材将以造型设计为理论基础，展开家具的设计与制作实践活动，让学生在学、做、研的过程中了解家具由图纸变为实体模型的过程。

本教材根据国家“十四五”规划的要求，结合高等职业教育家具设计与制造专业教学基本要求编写而成。全书注重从高职学生的学习思维模式出发，“弱理论、重实践”，以应用为目的。本书分为3个模块（基础模块、设计模块、实战模块），涉及12个项目。基础模块，涵盖了家具造型设计所需要的基础知识，包括家具类型、家具风格、家具物质技术、家具功能尺寸等内容；设计模块，涵盖了家具造型设计所需要的基础设计元素和设计法则，包括家具形态设计、家具质感与色彩、家具形式美法则、家具细部装饰设计等内容；实战模块，将以前期“家具造型设计”项目为载体，利用多种模型材料，通过不同材料之间的连接工艺，展开家具模型的制作。

为了便于学生阅读，本教材在内容上严格控制，最大化降低难度，满足各阶层初学者的使用，可作为高职院校家具设计与制造专业、室内设计专业、建筑装饰设计专业及其他相关专业的参考用书，也可供有关设计人员参考。本教材采用六步教学结构：“项目描述—项目目标—项目计划—任务引入—知识链接—任务实施”。为了提高学生的学习兴趣和扩充知识内容，本书增设了项目拓展部分，并加入数字化教学资源，学生可以扫码学习。

本教材由黑龙江建筑职业技术学院裴斐、张波任主编，黑龙江建筑职业技术学院陶然、于静、李青任副主编。裴斐负责全书统稿及项目1、项目7、项目8、项目9的编写；张波负责项目5、项目6、项目

10的编写；陶然负责全书图片编辑及项目3、项目4的编写；李青负责全书视频编辑及项目2、项目11的编写；于静负责项目1、项目12的编写。

本教材在编写过程中得到了裴杭、张宝娟老师的大力支持与帮助，谨此深表感谢。

由于家具造型设计所涉及内容广泛，加之编者水平有限，书中难免有疏漏之处，敬请读者批评指正。

裴斐

2024年2月

目 录

基础模块

设计模块

实战模块

任务1.1　家具使用功能分类

任务引入

家具为我们的生活提供了便利，让我们累了能坐下来，困了能躺下来，以及将凌乱的物品存放起来……一系列的行为跟随着不同类型的家具。这些家具功能不同、职责不同，那么，应该如何科学地按照家具的功能将其分类呢？这样的分类对家具设计及家具在空间中的作用又有哪些影响呢？本任务是对日常生活中的家具进行功能分类，让学生明确其功能属性。

知识链接

家具使用功能分类是结合人体工程学展开的较为科学的分类形式，按这种形式将家具主要分为坐卧类、桌台类、储藏类和装饰类。

1.1.1　坐卧类家具

坐卧类家具主要满足人们坐、卧、躺等行为的要求，是与人体接触最为密切的家具类型，设计时需要受到人体尺寸、形态的制约。坐卧类家具主要包括椅凳类家具、沙发类家具和床榻类家具。

（1）椅凳类家具

①座椅：座椅根据使用功能的不同可分为扶手椅、靠背椅、折叠椅等，如图1-1所示。座椅造型多变，与人体功能尺寸联系紧密，因此成为家具设计中的主要角色。世界著名家具设计师们的代表作品也多以座椅为主。

图1-1　座椅

②凳：凳子可以理解为没有靠背和扶手的椅子，如图1-2所示。从传统家具中的杌

凳、交机、鼓凳，到现代家具中的圆凳、方凳、条形凳等，凳子都以轻便、小巧为主，便于人们搬运和存放。

图1-2 凳

（2）沙发类家具

“沙发”一词根据英文Sofa音译而来。沙发的形式多样，主要有单人沙发、双人沙发、三人沙发、转角沙发、沙发床等。沙发在材料的选用上也很丰富，多为木材、皮革、布、竹藤等。沙发类家具如图1-3所示。

图1-3 沙发类家具

（3）床榻类家具

床榻是以睡眠为主要功能的家具，与人体接触较为密切，包括床和榻。

①床：床是使用频率最高的家具之一，其占地面积相对较大，如图1-4所示。床主要满足使用者的睡眠需求，因此床的设计不局限于外观造型，还要注意人的生理和心理，要能通过科学的测算与分析创造出高科技、智能化的床类家具。常见的床有单人床、双人床、双层床、折叠床等。

图1-4 床

②榻：榻是中国传统家具，起初是一种无栏杆、无围子、一个平面、四足落地的坐具，逐渐演变为带有围栏的、狭长的、座面较低矮的床。榻可兼顾坐具与卧具的功能，但要比实际的床更窄、更短一些，如图1-5所示。

图1-5　榻

1.1.2　桌台类家具

桌台类家具以台、桌、几为主要形式，如图1-6所示。该类家具可为使用者提供凭倚、伏案、承载等功能，其表面有一定的平整性，常配合坐卧类家具使用。常见的桌台类家具有写字台、书桌、课桌、会议桌、餐桌、电脑桌、炕桌、柜台、餐台、吧台、实验台、茶几、花几、条几等。桌台类家具种类繁多、尺寸不一，使用者需要根据实际要求选配相应的家具类型。

图1-6　桌台类家具

1.1.3　储藏类家具

储藏类家具以箱柜为主要形式，如图1-7所示。该类家具供使用者存放各类物品，根据

图1-7　储藏类家具

使用要求可设计成开敞型、封闭型和半开敞型。常见的储藏类家具有衣柜、书柜、床头柜、餐边柜、电视柜、陈列柜、橱柜、文件柜等。由于储藏类家具需要存储物品，设计时需要考虑物品与物品、物品与人之间的关系。

1.1.4 装饰类家具

装饰类家具多以开放式、通透式的形式呈现，其目的是展示家具中所承载的陈设物品。常见的装饰类家具有陈列架、花架、画架、书架等，它们具有一定的使用功能，又兼具装饰性，可作为空间中的隔断和视觉中心使用。

任务实施

任务内容： 收集各类型家具，并按照使用功能进行分类。对这些家具进行简要设计分析，并说明其基本功能和使用场所。

实施要求：
1. 可以从网络、书籍、实体店中采集和收集家具资料，但需要注明资料来源。
2. 将收集到的家具图片与文字资料整理、编辑成PPT文件。
3. PPT文件需图文并茂、排版美观。
4. 家具设计分析需融入主观想法，不能照搬照抄教科书。
5. 准备5～10min的汇报内容。

任务1.2 家具使用场所分类

任务引入

无论室内还是室外、民用空间还是商用空间，或多或少都会有家具。不同空间选用不同类型的家具，可以增加空间的辨识度，也可以提升空间的功能性、利用率，增加美感和情调。那么，该如何为不同的空间选择合适的家具呢？本任务是依据空间功能选配符合其特点的家具类型，为家具设计、室内设计、陈设设计的学习打下基础。

知识链接

按使用场所可将家具分为室内住宅空间家具、室内公共空间家具、室外空间家具等。

1.2.1　室内住宅空间家具

室内住宅空间家具是根据住宅空间的实际使用功能划分的家具类型。常见的室内住宅空间有门厅、玄关、客厅、起居室、卧室、书房、餐厅、厨房、卫生间等。

（1）门厅、玄关家具

门厅、玄关是进入住宅的第一个空间，此空间可以帮助使用者更换、存放鞋帽和衣物等。常见的门厅、玄关家具有鞋柜、衣帽柜、装饰柜等，如图1-8所示。

图1-8　门厅、玄关家具

（2）客厅、起居室家具

客厅、起居室作为住宅中的活动空间，是会客、休闲、娱乐的场所。常见的客厅、起居室家具有沙发、茶几、边几、电视柜、装饰柜、休闲椅等，如图1-9所示。

图1-9　客厅、起居室家具

（3）卧室家具

卧室为使用者提供睡眠、休息之用，多数卧室还兼顾衣帽间、化妆间等空间的功能。常见的卧室家具有床、床头柜、衣柜、梳妆台、榻、休闲椅等，如图1-10所示。

图1-10　卧室家具

（4）书房家具

常见的书房家具有书桌椅、书柜、书架、文件柜等，如图1-11所示。

（5）餐厅家具

餐厅作为公共活动区域，是日常使用频率较高的场所之一。常见的餐厅家具有餐桌、餐椅、餐边柜、吧台、酒柜等，如图1-12所示。

图1-11　书房家具

图1-12　餐厅家具

（6）厨房家具

厨房家具以橱柜为主，如图1-13所示。橱柜根据空间功能性可分为L型、U型、一型、中岛型等。

（7）卫生间家具

卫生间家具也称为洁具，如图1-14所示。常见的卫生间家具有洗手盆、坐便器、浴缸、淋浴器等。

图1-13　厨房家具

图1-14　卫生间家具

1.2.2　室内公共空间家具

室内公共空间家具是根据室内公共空间性质划分的家具类型。常见的室内公共空间有酒店空间、办公空间、学校空间、展示空间等。

（1）酒店空间家具

酒店根据空间功能配置不同类型的家具。酒店大堂常见的家具有沙发、接待台、茶台、休闲椅等；餐饮空间常见的家具有餐台、餐桌、餐椅、吧台等；客房空间常见的家具有床、床头柜、梳妆台、行李架、壁柜、书桌、休闲椅、沙发、茶几等。酒店空间家具如图1-15所示。

（2）办公空间家具

办公空间为使用者创造高效、舒适、便捷、卫生的工作场所，根据空间使用功能配置相应的家具。办公室常见的家具有办公桌、办公椅、书架、文件柜、档案柜、沙发、茶几、隔断柜等；会议室、多功能厅常见的家具有会议桌、会议椅、演讲台、茶水柜、沙发、茶几、接待台等。办公空间家具如图1-16所示。

图1-15　酒店空间家具

图1-16　办公空间家具

（3）学校空间家具

学校主要室内空间有教室、图书室、活动室、办公室、寝室等。常见的学校空间家具主要有课桌、课椅、书架、置物架、寝室床、办公桌椅等，如图1-17所示。需要注意的是，不同类型学校所需的家具具体内容和尺寸有所差异，如幼儿园家具较为低矮，大学家具可以按照成年人身高进行设计。

（4）展示空间家具

展示空间主要涉及商场、展览馆等。常见的展示空间家具有展架、展示台、展柜等，如图1-18所示。

图1-17　学校空间家具

图1-18　展示空间家具

1.2.3　室外空间家具

室外空间家具主要有两部分：住宅庭院类家具和公共设施类家具。

（1）住宅庭院类家具

住宅庭院多为私密的个人空间，其主要功能是为居住者提供休闲、娱乐场所。常见的住宅庭院类家具有休闲椅、茶几、展示架、置物柜、遮阳家具等，如图1-19所示。

（2）公共设施类家具

公共设施类家具又可称为城市家具，是城市建设、环境美化的重要组成部分，如图1-20所示。常见的公共设施类家具有休闲长椅、垃圾桶、指示牌、路灯、栏杆、站台等。

图1-19　住宅庭院类家具

图1-20　公共设施类家具

任务实施

任务内容： 家居空间室内平面布置及家具选配。

实施要求： 1. 根据原始平面图（图1-21），完成平面布置。

2. 在平面布置的基础上，对家具进行选配。
3. 选配家具可以从网络、实体店中找寻，但需要注明家具来源。
4. 所选配家具的风格应与空间风格相协调。
5. 以空间为单位，将平面布置图与家具选配图片放置在一张图纸中，并配有设计说明。

6. 将以上内容整理成PPT文件，要求图文并茂，加入设计理念。
7. 准备5～10min的汇报内容。

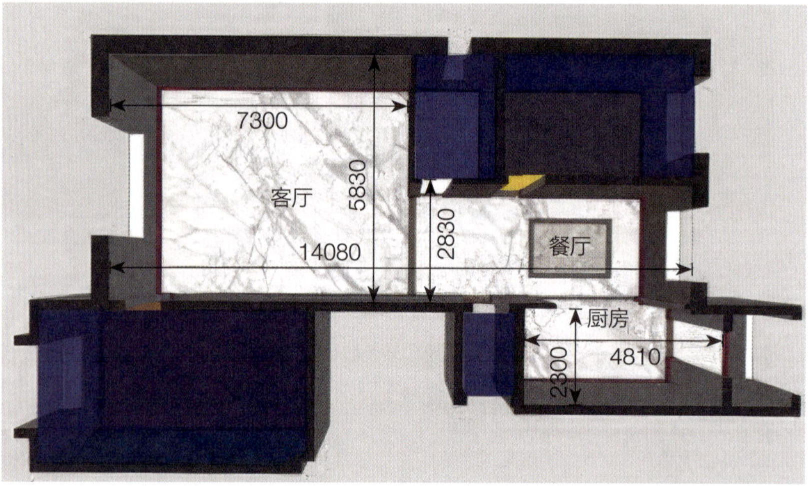

图1-21 家居空间原始平面图

任务1.3 家具材料分类

任务引入

家具材料类型繁多，不同材料制造出的家具在形式、质感、结构、工艺等方面都有很大的区别。想要设计家具就必须熟悉每一种用材，只有了解材料才能根据其特性制作出精美的家具产品。本任务是了解常见的家具材料分类。

知识链接

家具按照材料类型可分为木质家具、竹藤家具、塑料家具、玻璃家具、金属家具、软体家具及其他材料家具。

1.3.1　木质家具

木材是家具设计与制造的主要用材。木质家具因其自然的花纹和色彩，深受消费者喜爱，如图1-22所示。木质家具可分为实木家具和板式家具。其中，实木家具又可分为硬木家具和软木家具，硬木家具主要用材有椴木、紫檀、水曲柳、柞木、柚木等；软木家具主要用材有松木等。板式家具主要用材有刨花板、胶合板、密度板、复合板等。

图1-22　木质家具

1.3.2　竹藤家具

竹藤家具在我国有着悠久的历史，许多传统手工艺人用其高超的技艺编织出一件件竹藤家具作品。竹藤家具主要有竹编家具、藤编家具、柳编家具、草编家具等，在品种上以椅子、沙发、茶几、屏风居多，如图1-23所示。

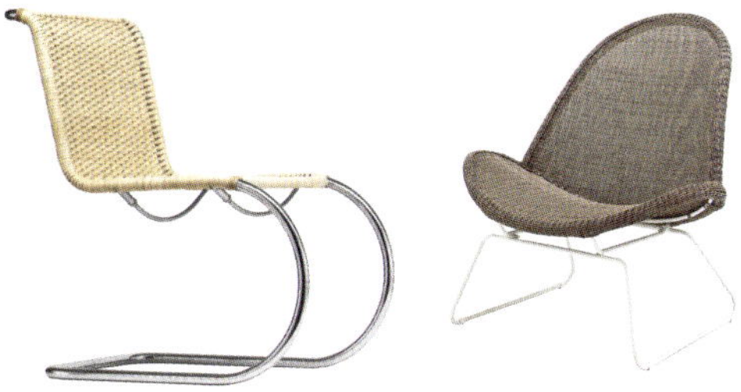

图1-23　竹藤家具

1.3.3　塑料家具

塑料家具常用材料有聚氯乙烯（PVC）、聚丙烯（PP）、玻璃纤维增强塑料（FRP）、ABS塑料、丙烯酸塑料（压克力）、聚氨酯泡沫塑料（发泡塑料）等，这些材料根据加工工艺的不同还可分为热固性塑料、热塑性塑料等。塑料因其可塑性好、色彩鲜艳，成为异形家具设计的常用材料之一。塑料家具如图1-24所示。

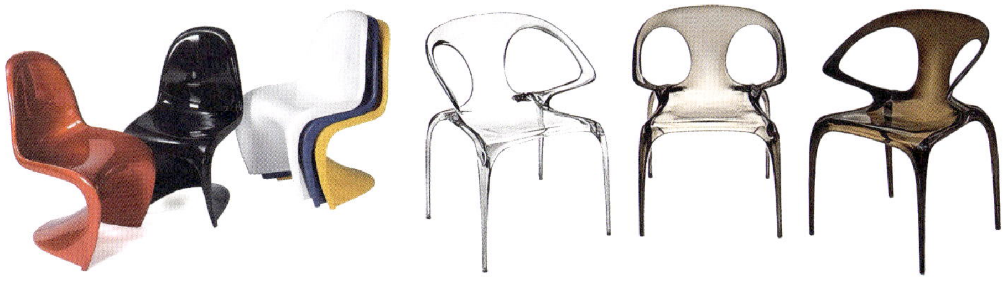

图1-24　塑料家具

1.3.4 玻璃家具

玻璃具有良好的通透性、可塑性，是桌台类、柜类家具的常用材料。玻璃家具主要用材有钢化玻璃、彩绘玻璃、弯曲玻璃、喷砂玻璃、刻花玻璃等。玻璃家具如图1–25所示。

1.3.5 金属家具

家具中的五金件、装饰构件多为金属材质，金属本身也可作为家具主体用材。常见的金属家具有不锈钢家具、铝制家具、铁艺家具等，如图1–26所示。在实际生活中，设计师们往往喜欢将金属与其他材料相搭配，以减少金属本身带给使用者的沉重感、冰冷感。常见的搭配有金属+木材、金属+玻璃等。

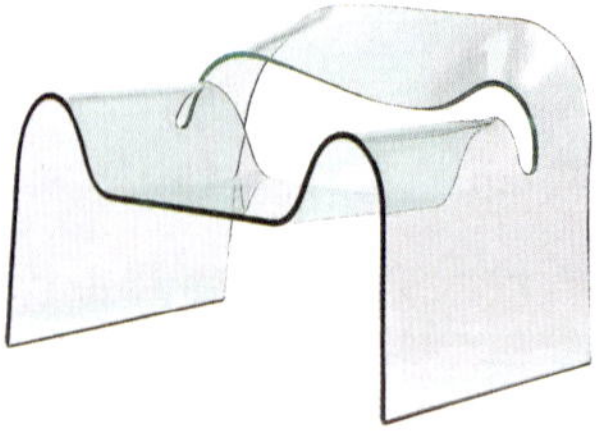

图1–25 玻璃家具

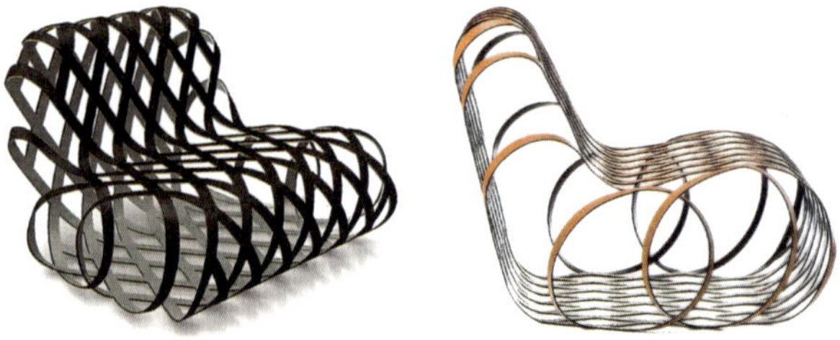

图1–26 金属家具

1.3.6 软体家具

软体家具的用材有填充料、弹簧、织物、皮革等。软体家具主要有沙发、床、椅凳等，因其柔软、舒适、色彩多样，是休闲、娱乐、会务等场所的常用家具，如图1–27所示。

图1–27 软体家具

1.3.7 其他材料家具

除了以上列举的家具材料外，石材、纸、陶瓷、树脂等也是当下家具设计中常出现的材料。虽然它们并不像木材、塑料、金属利用率那么高，但多样化的材料可以丰富家具造型，为使用者带来不一样的体验和感受。

任务实施

任务内容：收集不同家具并对其进行材料识别与设计分析。

实施要求：1. 可以从网络、书籍、实体店中采集和收集家具资料，但需要注明资料来源。

2. 说明家具使用材料种类、名称及其与家具造型之间的关系。
3. 将上述内容整理成PPT文件，要求图文并茂、排版美观。
4. 设计分析需要融入主观想法，不能照搬照抄教科书。
5. 准备5～10min的汇报内容。

任务1.4　家具结构形式分类

任务引入

任务1.3梳理了常见的家具用材，不同的材料因其特性不同，会带来结构上的变化。设计师们需要根据材料的属性和工艺，设计符合材料特点的结构形式。本任务是了解常见的家具结构形式分类。

知识链接

家具按结构形式主要分为框式家具、板式家具、折叠家具、壳体家具及弯曲木家具等。

1.4.1　框式家具

传统实木家具多为框式结构，以榫卯、嵌板为主，如图1-28所示。这种结构形式经历了千年的发展与变革，积累了大量的、多样化的榫卯形式，为当今的家具设计提供了很好的借鉴。目前，框式结构在现代家具设

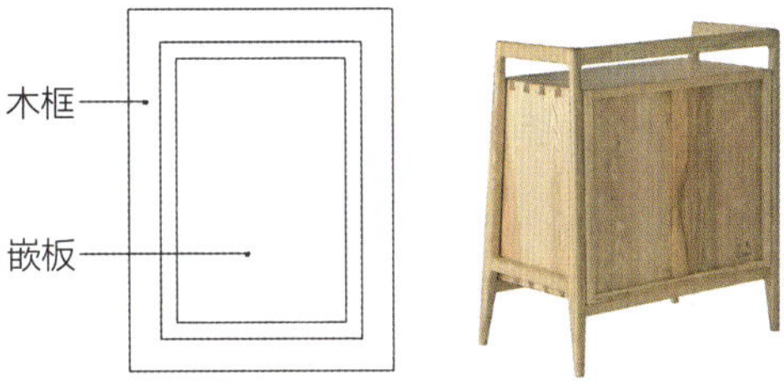

图1-28　框式家具

计与制造中依然被使用，但由于其对木材的要求较高、材料利用率较低，对自动化生产提出了较高的要求。

1.4.2 板式家具

板式家具以人造板为基材，通过金属连接件拼合而成，如图1-29所示。根据安装方式可将板式家具分为可拆装和不可拆装两类。板式家具的生产大大提高了木材资源的利用率，为自动化生产提供了有利条件。

图1-29 人造板和板式家具

1.4.3 折叠家具

折叠家具通过改变家具的形状和折叠收缩的形式减小使用后的体积，为空间最大化利用提供了帮助，常见于椅、凳、桌、床中，如图1-30所示。

图1-30 折叠家具

1.4.4 壳体家具

壳体家具是以玻璃纤维、塑料、胶合板为基材，经模压、浇注或其他工艺加工而成的薄壳零部件或家具，常见于椅凳类家具中，如图1-31所示。

图1-31 壳体家具

1.4.5 弯曲木家具

弯曲木家具是将木材软化处理、弯曲成形或多层胶合弯曲后形成零部件的家具，其结构简单，造型简洁、优美，是现代家具设计中的常见形式，多见于椅凳类家具中，如图1-32所示。

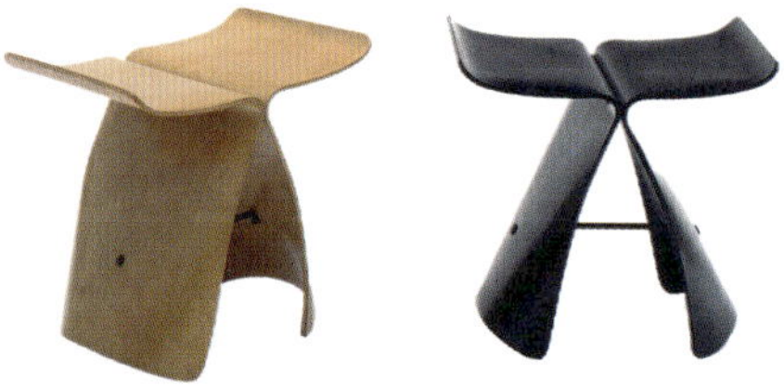

图1-32 弯曲木家具

任务实施

任务内容： 分析以下家具采用了哪种结构形式。

实施要求： 1. 根据图1-33所示的家具进行结构分析。
2. 分析可以从家具功能、材料、结构等方面展开。
3. 合理组织语言，表述清晰。

图1-33　不同结构形式的家具

任务1.5　家具安置形式分类

任务引入

想象一下，琳琅满目的家具都是以什么形式放置在空间中的？家具安置形式依据家具的实际使用情况而定，并非一成不变，厨房里的橱柜多数是固定在墙壁上的，客厅里的沙发一般都是可以移动的。本任务是了解家具安置的几种形式。

知识链接

家具的装配方式需要根据空间和使用功能要求决定，一般按安置形式将家具分为固定式家具、移动式家具、滚动式家具和悬挂式家具。

1.5.1 固定式家具

固定式家具通常安装在墙壁、天花板、地板等建筑构件上，且不可移动。该类家具一般与室内装饰同时设计、制作、安装，不便于后期拆卸和更换。常见的固定式家具有橱柜、接待台、展示台、嵌入式衣柜、鞋柜等。

1.5.2 移动式家具

移动式家具是可以任意移动的家具，是日常生活中最为常见的家具类型，使用者可以根据实际使用需要改变位置。常见的移动式家具主要有椅、凳、沙发、茶几、衣柜、储物柜、书架、餐边柜、桌子等。

1.5.3 滚动式家具

滚动式家具是在家具的底部安装可以自由滑动的脚轮，此类家具可更为轻松、便捷、灵活地变换位置。常见的滚动式家具有办公椅、桌边柜等。

1.5.4 悬挂式家具

悬挂式家具是采用挂拉件将家具悬挂在墙壁或天花板上，这类家具包括可移动、不可移动和难以移动三种类型。

任务实施

任务内容：收集身边固定式家具、移动式家具、滚动式家具和悬挂式家具的图片资料，并分析其安置形式的设计意图。

实施要求：
1. 找寻身边的实物家具，并拍摄照片。
2. 将照片根据家具安置形式进行分类。
3. 对每件家具作品进行安置形式的分析，并说明其设计意图。
4. 将上述内容整理成PPT文件。
5. 准备5min的汇报内容。

项目拓展　中国传统家具——民族精神的缩影

任务引入

通过项目1的学习，我们了解了家具的分类，对家具有了基础的认识。家具是日常生活中不可缺少的物品。家具并非只是静态的实物，而是设计者和能工巧匠们用自己的智慧和技术创造出的一件件具有生命意义的艺术品。本项目拓展让我们一同体会中国传统家具的文化内涵，感受民族精神的魅力。

知识链接

家对于人们来说是温馨和舒适的，它是我们的归宿，也是我们的依靠。五千年前，先民们从游牧状态向农耕时代转变，居住的场所由山洞变更为房屋，家由此出现，有了家就需要有家具。随着生活方式的转变，家具的形式也发生了变化。

从商周到明清，人们的坐姿经历了席地而坐到垂足而坐的发展过程。在这个过程中，与其说是家具变了，不如说是人们的生活方式改变了。但无论怎么变，都离不开民族文化和精神底蕴。中国传统家具是五千年文明的缩影，更是民族精神的体现。

（1）以礼待人

中华民族作为礼仪之邦，以礼待人的思想至今深深铭刻在国人的心中。俗话说："没有规矩不成方圆"，每个家都有家训、家风。这种文化和审美在中国传统家具中得到了印证。《礼经释例》中记载："室中以东向为尊，堂上以南向为尊。"在椅凳类家具陈设方面，"文左武右""以东为左、为上""男左女右"等观念充分反映了礼的规范。除此之外，在椅凳类家具的设计上也体现出礼仪规范。例如清代的太师椅（图1-34），靠背、扶手与椅面呈90°，人在椅上需要端坐。这使人们成为克己复礼的实践者，这种姿势也成为符合中国文化和审美取向的一种姿态。

（2）中庸之道

中庸之道出自中国儒家文化，这种思想也潜移默化地影响着家具造型。中国古典家具散发出的温润、厚重、中庸、平和的品质正是儒家思想的体现。

图1-35为明清时期的圆角柜，柜体线条柔缓、平直，转角处圆角过渡细腻，家具整体没有坚硬棱角，与中国人中庸而平和的品格相呼应。

图1-36为明代圈椅。圈椅的搭脑与扶手平滑过渡形成了一个圈，圈即为圆；坐面方正，即为方。以方为底，规矩、稳健；圆在上，圆满、柔和。这正体现了天圆地方、天人合一的传统理念，契合中国文人宁静致远、刚柔相济的意境和追求。

图1-34　太师椅

（3）天人合一

古人非常认同天与人的和同关系，无论是绘画、建筑、园林、雕塑，还是家具，人们的造物活动中都会体现天人合一的观念。中国传统家具对于天人合一的追求，主要体现在对自然事物的运用上。在材料选择上，讲究天然的优良木材，突出自然纹理；在装饰工艺上，素材取自世间万物，如花鸟虫鱼、飞禽走兽、山水树木等。

图1-35　圆角柜

图1-36　圈椅

结语

中国传统家具不仅是中国传统思想的载体，也是中国古代造物为良思想的核心体现和中华文化的又一次完美呈现。坚定文化自信，坚持中国特色社会主义文化发展道路，激发全民族文化创新创造活力才能够建设好社会主义文化强国。

谈一谈

通过项目拓展的学习，谈一谈民族精神是如何在中国传统家具中得到体现的。

项目2　家具风格

项目描述

家具造型设计从表象上看是对家具外观的表现，但其内在蕴含着多元的知识结构，其中就包括家具风格。家具风格的形成离不开家具所处历史时期的经济、政治、文化，也离不开人们生活习惯的影响。无论是中国家具还是外国家具，在风格上都有很鲜明的特征，这为后来家具的继承与创新提供了积淀。本项目将从中国家具风格和外国家具风格两条主线出发，沿着时间的轨迹，探究世界家具在各历史时期的风格特征。

项目目标

1. 掌握中国各历史时期家具的风格特征。
2. 掌握外国各历史时期家具的风格特征。
3. 了解中国家具的继承与发展情况。

项目计划

项目任务	主要知识点	学时
任务2.1 中国家具	席地而坐时期的家具、过渡时期的家具、垂足而坐时期的家具	2
任务2.2 外国家具	古代家具、中世纪家具、近代家具、现代家具	2
项目拓展 中国家具的继承与发展	榻、罗汉床、架子床、拔步床、现代床	1

任务2.1 中国家具

任务引入

我国幅员辽阔、历史悠久。在历史的长河中，随着政治、经济、文化、科技的变革，人们的生活方式也悄然发生变化。中国古代家具正是在不断的变化中发展的，并逐渐形成了自己的风格特色。本任务分三个历史阶段展开，对中国传统家具的风格特征进行梳理。

知识链接

中国人的坐姿经历了席地而坐到垂足而坐的发展过程，这种生活习惯的变化在家具功能与形式上得到了充分的体现。图2-1为中国传统家具的发展过程。

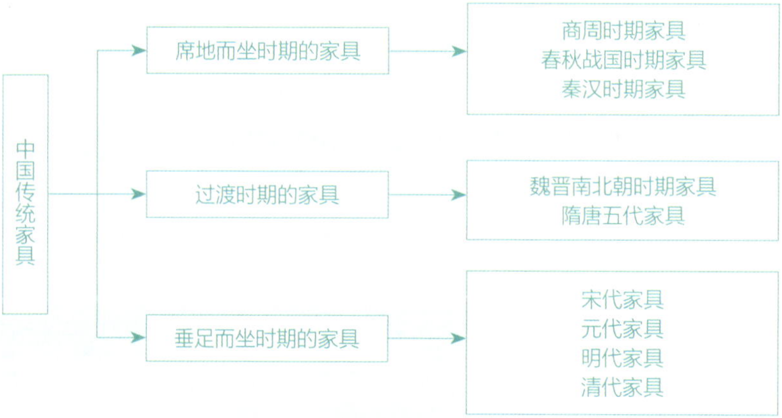

图2-1　中国传统家具发展过程

2.1.1　席地而坐时期的家具

席地而坐时期的家具主要涉及商周时期家具、春秋战国时期家具、秦汉时期家具。

（1）商周时期家具（约公元前1600—前771）

商周时期创造了青铜文化，从现存的青铜器造型就可以看到商周时期家具的形式。礼器是当时最重要的器皿之一，如俎、禁等。俎有两种，一种是切肉用的，另一种是放置祭祀品的，是几、案、桌的雏形，如图2-2所示的镂空龙纹俎。禁用来盛放祭酒，是箱、橱、柜的雏形，如图2-3所示的青铜禁。青铜家具在装饰上主要有饕餮纹、龙纹、禅纹等。另外，漆器的彩绘、镶嵌艺术也达到了较高的水平。

（2）春秋战国时期家具（公元前770—前221）

随着以“楚”文化为基础的漆器文化的崛起，青铜器渐渐退出了历史舞台。髹漆、彩绘等装饰手法已成为春秋战国时期家具的首要特色。虽然席地而坐仍然是当时人们的生活习惯，但家具的种类已有了很大的变化，不仅有漆俎、漆几等原有品种，还出现了漆案、漆床、漆衣箱等新品种。图2-4为河南信阳出土的战国时期彩绘床，它是现存古代床中最早的实物。

图2-2　镂空龙纹俎

这个时期家具的装饰纹样主要有龙纹、凤纹、云纹、涡纹等。漆器彩绘中的颜料主要是朱砂、石黄、红土、白土等矿物性颜料和蓝靛等植物性染料。

图2-3　青铜禁

（3）秦汉时期家具（公元前221—220）

秦汉时期不同地域文化相互交融，家具形制逐渐统一。汉代开辟了通往西域的贸易通道，促进了文化交流，西域少数民族的生活方式逐渐传入中原。到了东汉时期，人们的起居习惯开始由席地而坐逐渐向以床为中心的生活方式转变，出现了低矮家具向高型家具的演变。在日常生活中，常见的家具有床、榻、几、案、屏风等，如图2-5所示的汉代漆案。髹漆、彩绘技术在秦汉时期达到了高峰，漆器黑地红绘，红与黑搭配，色彩艳丽，漆质光亮。装饰纹样在前代的基础上又创造了绳纹、齿纹、三角形纹、菱形纹、

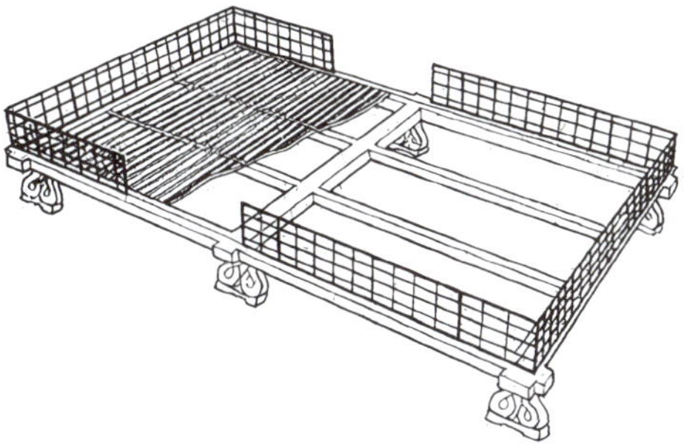

图2-4　战国时期彩绘床

波形纹等几何纹样，还有形式丰富的植物纹样。

图2-5　汉代漆案

2.1.2　过渡时期的家具

过渡时期的家具主要涉及魏晋南北朝时期家具、隋唐五代家具。

（1）魏晋南北朝时期家具（公元220—589）

魏晋南北朝时期的生活方式仍然以席地而坐为主，但由于各民族文化的融合，一些椅子、筌蹄、凳子等高型坐具渐渐被引入，改变了人们的生活方式。除了坐具，床榻的高度也有所增加，其多用壶门券口的形式，既加大了床榻座面与地面之间的距离，又为家具外观造型增添了美感。这一时期的家具装饰除秦汉传统纹样外，道家、佛家的装饰纹样也开始被广泛使用，如火焰纹、莲花纹、卷草纹等。图2-6为魏晋南北朝时期的石榻。

图2-6　魏晋南北朝时期石榻

（2）隋唐五代家具（公元581—960）

隋朝由于时间短暂，流传下来的家具并不多，但从唐代风格可窥知一二。

图2-7《唐人宫乐图》局部 月牙凳

唐代家具造型宽大厚重、浑圆丰满，装饰艺术则富丽华贵，如图2-7所示的月牙凳，其造型装饰圆润、丰满、华丽，极具唐代风格。唐代装饰手法也非常丰富，常用装饰材料有螺钿、象牙、鹿角等。

五代家具较唐代家具更为轻简，造型更为秀美、朴素，可以说是宋代家具简练、质朴新风的前奏，如图2-8所示。

图2-8《韩熙载夜宴图》（五代 顾闳中）中的家具

2.1.3　垂足而坐时期的家具

垂足而坐时期的家具主要涉及宋代家具、元代家具、明代家具、清代家具。

（1）宋代家具（公元960—1279）

宋代家具在五代家具的基础上继续完善，给人一种简练、俊秀、挺拔的视觉美感，如图2-9所示。在造型和结构方面，宋代家具由于受建筑梁柱的影响，由梁柱式的框架结构代替了隋唐时期沿用的箱型壶门结构，整体结构由繁杂趋向简化，造型也日趋丰富。宋代家具桌椅四足的断面除了方形和圆形外，常做成马蹄形，桌面下开始用束腰，桌面四周镶边并出现大量的装饰线型。宋代家具是明清家具风格形成的前奏。

图2-9 《听琴图》（宋 赵佶）中的家具

（2）元代家具（公元1206—1368）

元代家具继承了宋代家具的特点，但在形式和结构上有了一些新变化。形式上，如抽屉桌，抽屉位于桌上部，约占桌子高度的1/3，桌角带有托尼，抽屉面装饰有各类花纹，如图2-10所示。结构上，由直枨的基本形式转变为具有一定装饰性的罗锅枨、霸王枨等，如图2-11所示。

图2-10　元代抽屉供桌

（a）罗锅枨　　（b）霸王枨

图2-11　罗锅枨与霸王枨

（3）明代家具（公元1368—1644）

明代是自汉唐以来，我国家具历史上的又一个兴盛期。明代家具受儒家哲学文化的影响，充分利用木材天然纹理和色泽进行布局，来表达一种含蓄的秩序美感，如图2-12所示。造型上，明代家具十分重

图2-12　明代家具

视比例关系，其整体与局部、局部与局部的比例均匀而协调。结构上，整体构架基本沿用了中国古建筑梁柱式的木构架结构形式，具有“侧脚”和“收分”的造型特征，这种造型特征使得明代家具在不同侧面都形成了“四杆件”的刚性框架，在此框架基础上施以横枨、牙条、券口、角牙、罗锅枨等构件及榫卯结构，既美观又加强了牢固性。装饰上，明代家具装饰手法多样，雕、镂、嵌、描都为所用。装饰用材也很广泛，有珐琅、螺钿、竹、牙、玉、石等。虽然装饰样式繁复，但绝不贪多，通常以小面积的装饰与大面积的素底形成强烈的对比，从而起到画龙点睛的作用。

（4）清代家具（公元1644—1911）

清代家具由继承、演变到发展，在形制、材料、工艺手段等多方面形成了其独特的风格。它在继承明代家具构造做法的基础上，使用多种材料和工艺相结合，形成了自己鲜明的时代特征。清代家具造型厚重、注重雕饰、风格华丽，给人一种庄严肃穆的视觉感受，特别是宫廷家具，在吸收雕漆、雕填、描金、百宝嵌、漆绘、彩绘等装饰艺术的前提下，结合陶瓷、珐琅、骨木、玉石、象牙、贝壳等做镶嵌艺术，使得家具富贵华丽，如图2-13所示。

图2-13　清代家具

任务实施

任务内容：选择某一历史时期，收集整理该时期的家具图片，并对其进行简要分析。

实施要求：1. 选择一个历史时期，如宋代、明代、清代等。

2. 对该时期的家具进行图片、文字资料收集，注明资料来源。

3. 对收集的家具资料进行简要分析。

4. 将以上内容整理成PPT文件。

5. 准备5min的汇报内容。

任务2.2 外国家具

任务引入

通过中国家具的学习，我们了解了不同历史时期家具在类型、形式、用材、功能、尺度、装饰上的不同，并且能够从家具的变化上感受到人们生活方式的转变。本任务将开启外国家具的学习。任务同样按照时间顺序进行梳理，从古代、中世纪、近代到现代，让学生感受不同文化背景下家具的魅力。

知识链接

外国家具部分将从古代、中世纪、近代和现代四个历史阶段展开，介绍不同风格的家具。

2.2.1 古代家具

古代家具主要涉及古埃及家具、古西亚家具、古希腊家具、古罗马家具。

（1）古埃及家具（公元前27世纪—前4世纪）

古埃及家具在造型上追求对称原则，复杂的雕刻和丰富的装饰让家具更显富丽堂皇，如图2-14所示。家具中的腿部常雕刻成兽腿、牛蹄、狮爪、鸭嘴等形象，有的也将家具通体

图2-14 图坦卡蒙御用金椅

雕刻成狮子、鹰等形象。装饰纹样多取材于尼罗河两岸的莲花、芦苇、鹰、羊、蛇、虫等动植物形象。为突显家具的奢华，表面常镶嵌彩釉陶片、象牙、宝石、珍珠、银片等。在结构与工艺方面，古埃及家具已经出现了裁口榫结构且技艺高超。

（2）古西亚家具（公元前10世纪—前5世纪）

古西亚家具的主要装饰手法是浮雕和镶嵌，在造型上采用类似古埃及家具的方形腿、狮爪腿、牛蹄形腿等，如图2-15所示。古西亚家具装饰图案繁复、奢华，体现了当时权贵们对物质享受的追求。

（3）古希腊家具（公元前11世纪—前1世纪）

古希腊家具不过分追求奢华装饰而更立足于实用主义，其简洁的线条、优美的比例给人以舒适之感。该时期家具在追求功能和形式美统一的基础上，也体现了自由、平等的文化理念。古希腊家具的种类包括椅子、躺椅、桌子、凳子、箱等。图2-16为著名的古希腊风格家具——克里斯莫斯椅，该椅子框架、靠背与人体背部曲线完美贴合，线条流畅、造型简洁，与古埃及、古西亚繁复装饰、僵直线条的家具形成了鲜明的对比。克里斯莫斯椅的造型在当今时代仍然符合人们的审美和使用需求。

图2-15　亚述浮雕中出现的家具

（a）《赫格索墓碑》浮雕中的克里斯莫斯椅

（b）克里斯莫斯椅实物

图2-16　克里斯莫斯椅

（4）古罗马家具（公元前5世纪—5世纪）

古罗马家具在造型和装饰上受到古希腊家具的影响，但较之更坚实和厚重。古罗马家具雕刻

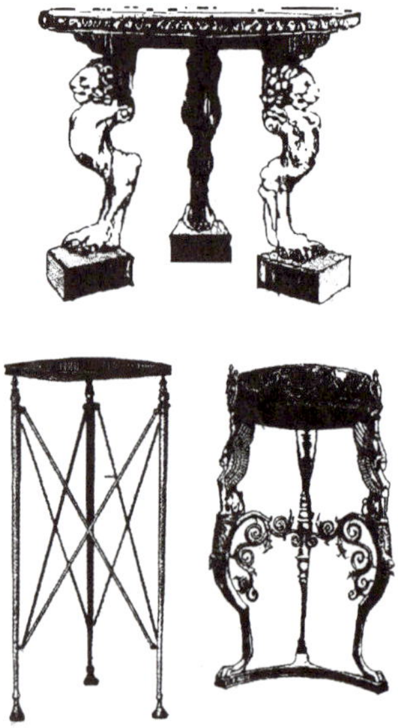

图2-17 古罗马家具

图2-18 马克西米努斯王座

图2-19 哥特式椅子

工艺精湛，如图2-17所示，雕刻题材多为战马、雄狮和胜利花环等。该时期家具在材料的选择上主要有青铜、石材、木材等。这一时期木作工艺十分考究，旋木细工，格角榫木框镶板结构也开始使用。

2.2.2 中世纪家具

外国中世纪家具主要涉及拜占庭家具、哥特式家具。

（1）拜占庭家具（公元328—1005）

拜占庭家具继承了古罗马家具的形式，融合了古西亚、古埃及家具的艺术风格，以雕刻和镶嵌最为多见。该时期家具的造型由曲线变为直线，模仿古罗马建筑的拱圈形式，挺直、庄严。图2-18为马克西米努斯王座，该家具整体用象牙制成，图案由鸟兽、果实、叶饰、几何纹样组成；正面雕刻着宗教人物场景，营造出严肃、庄重的气氛。

（2）哥特式家具（公元12世纪—16世纪）

哥特式家具受到哥特式建筑的影响，多采用火焰形、三叶形、尖顶、尖拱、细柱、垂饰罩、浅雕、透雕的嵌板装饰，与建筑刚直、挺拔的形象相呼应，如图2-19所示的哥特式椅子。在结构方面，框架嵌板代替了厚木板钉箱的方法，使箱体更轻便，也更加节省材料。在装饰方面，该时期家具雕刻极为精致，几乎每一处平面空间都被有规律地划分成矩形，装饰图案均采用浮雕、透雕和圆雕相结合的方法来表达。

2.2.3　近代家具

外国近代家具主要涉及文艺复兴时期家具、巴洛克家具、洛可可家具、新古典主义家具。

（1）文艺复兴时期家具（公元12世纪—16世纪）

文艺复兴时期家具在哥特式家具的基础上吸收了古希腊、古罗马家具的风格特征，如图2-20所示。在结构上，该时期家具改变了家具全封闭式的框架嵌板结构，如椅子下方全部敞开，消除了沉闷感。在装饰上，该时期家具的立柱上多采用旋木装饰、涡形花纹雕刻。文艺复兴后期家具装饰的最大特点是采用灰泥石膏浮雕装饰，做工精细，常在浮雕上加以贴金和彩绘处理。这种由建筑、雕刻转化到家具造型装饰与结构的方式是建筑艺术与家具工艺的完美结合，表现了建筑与家具在风格上的和谐与统一。

图2-20　文艺复兴时期家具

（2）巴洛克家具（公元17世纪—18世纪初）

巴洛克家具实用且浪漫，适应生活功能需要和精神需求。造型上，巴洛克家具运用多样的曲面及线型，摒弃了对建筑的直接模仿，如图2-21所示。巴洛克家具的最大特点是将装饰细部集中体现，强调整体结构，家具总体造型及装饰风格与巴洛克建筑、室内、陈设等相统一，创造了一种建筑与家具和谐一致的效果。

图2-21　巴洛克家具

（3）洛可可家具（公元18世纪初—18世纪中期）

洛可可是18世纪初在法国宫廷中形成的一种室内装饰及家具设计手法，又被称为“路易十五风格”。洛可可家具是在巴洛克家具造型艺术的基础上发展起来的，它摒弃了巴洛克家具造型中追求奢华的成分，运用了狮、羊、猫、海豚等动物形象，玫瑰花等花卉图案，C形、S形、涡卷形等曲线，花叶边饰、齿边饰、叶蔓与矛形等图案作为装饰，再加上优美的家具造型、精细的雕刻和锦缎刺绣，共同构成了温婉秀丽的女性化装饰风格，与巴洛克家具的方正宏伟形成了对比和反差，如图2-22所示。

图2-22　洛可可家具

（4）新古典主义家具（公元17世纪—18世纪）

新古典主义家具做工考究，造型精练朴素，以直线为基调，不做过多的细部装饰，如图2-23所示。该时期家具以方形为主体，追求整体比例的和谐与呼应；家具的腿脚多为上大下小；椅子靠背多做成方形、椭圆形或盾形，内镶透空花板或锦缎软垫。

图2-23　新古典主义家具

2.2.4　现代家具

现代家具主要涉及工艺美术运动家具、新艺术运动家具、荷兰风格派家具、包豪斯学派家具、北欧现代家具、高技派家具、波普艺术和欧普艺术风格家具、后现代主义风格家具。

（1）工艺美术运动家具

工艺美术运动主要发生在英国，1888年由威廉·莫里斯（William Morris）倡导。该运动的主导思想在于改革过去的装饰艺术，并以大规模工业化生产的廉价产品来满足人们的需要，这标志着家具开始从古典装饰走向工业设计。随着莫里斯商行的影响不断扩大，这一思想10年后在欧洲大陆扩散，并促成新艺术运动的产生。图2-24为莫里斯商行设计的苏克塞椅。

图2-24　莫里斯商行设计的苏克塞椅

（2）新艺术运动家具

新艺术运动主张从自然界吸取灵感，采用各种动植物纹样作为装饰元素，追求自然形态之美。该时期家具造型呈现出错综复杂的曲线，富有韵律、动感，优雅、感性且浪漫，如图2-25所示。

图2-25　新艺术运动家具

（3）荷兰风格派家具

荷兰风格派从立体主义走向了完全抽象，主张采用基本几何形、立方体以及垂直水平面来组合构图，色彩则以原色（红、黄、蓝）和中间色（黑、白、灰）组成。1918年，格里特·托马斯·里特维尔德（Gerrit Thomas Rietveld）设计制作的红蓝椅（图2-26）成了荷兰风格派的经典之作。

图2-26　红蓝椅

（4）包豪斯学派家具

“包豪斯”是德国一所建筑设计学院的简称，其前身是魏玛艺术学院和魏玛工艺美术学院，它是现代设计教育的摇篮。包豪斯的设计特点是注重功能和工业化生产，并致力于形式、材料和工艺技术的统一。包豪斯学派家具如图2-27所示。

图2-27　包豪斯学派家具

（5）北欧现代家具

北欧家具以简约著称，其造型注重流畅线条的运用，力求形式和功能上的统一，材料追求原木的自然色泽和纹理，功能上趋向于多功能、可拆装、可折叠和随意组合。图2-28为阿尔瓦·阿尔托（Alvar Aalto）设计的北欧风格家具。

图2-28　阿尔瓦·阿尔托设计的北欧风格家具

（6）高技派家具

高技派强调工业化生产下的高品质，使用系统设计和参数设计，主张采用预制装配化标准构件，提倡运用新材料，钢、铝、塑料和化学制品都成为当时的家具用材。图2-29为高技派家具。

（7）波普艺术和欧普艺术风格家具

波普艺术多以流行的商业文化形象和日常生活之物为题材，追求标新立异。图2-30为萨尔瓦多·达利（Saivador Dali）设计的嘴唇沙发。

欧普艺术主要应用人们在视觉上的错觉印象作为表现形式，采用黑白或彩色几何形状的复杂排列、对比、交错和重叠等手法，使家具富有韵律和秩序变化。图2-31为皮特·穆多什（Peter Murdoth）设计的儿童椅。

（8）后现代主义风格家具

后现代主义风格强调设计应具有历史的延续性，但不能套用传统的逻辑思维。后现代主义风格家具在设计中采用非传统的混合、叠加、错位、裂变、隐喻等手段，从古典到文艺复兴无所不含，进行装饰符号的挪用、夸张和象征的描述。图2-32为后现代主义风格家具。

图2-29　高技派家具

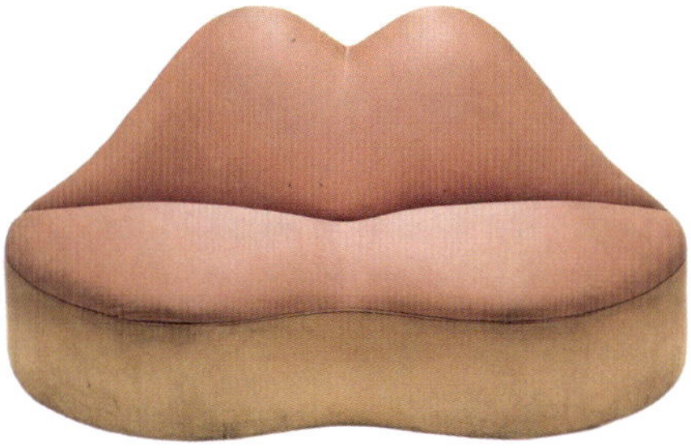

图2-30　嘴唇沙发

图2-31　儿童椅

图2-32　后现代主义风格家具

任务实施

任务内容：Z形椅（图2-33）改造。

背景介绍：Z形椅由格里特·托马斯·里特维尔德于1934年设计，是荷兰风格派代表作品，又被称为闪电椅。看似造型极简的Z形椅，其力学结构要求很高，它是悬臂式实木椅子的首批示例之一。

实施要求：
1. 对Z形椅进行外观造型改造。
2. 改造可以从材料、装饰纹样、外观造型等多方面展开。
3. 改造后既能从中看到Z形椅的影子，又有新的创意变化。
4. 设计表达形式以效果图展示为主，配合细部设计处理，可采用手绘和计算机辅助设计等多种形式。
5. 准备5min的汇报内容。

图2-33　Z形椅

项目拓展　中国家具的继承与发展

任务引入

通过项目2的学习，我们了解了中外不同时期的家具，对世界家具的发展有了一定的认识。家具从古至今的变化与社会变迁、文化发展、生活习惯有着密切的关系，每一次的推陈出新并不是突然的、乍现的，而是循序渐进、逐渐演变的，甚至某些东西一直保留着未曾消失。本项目拓展让我们一同感受中国家具的继承与发展。

知识链接

本项目拓展将中国古典家具按照时间顺序进行了梳理，并按照生活方式划分了三个发展时期，即席地而坐时期、过渡时期和垂足而坐时期。下面将以卧具为例，让学生感受中国家具的发展变化过程。

（1）榻

榻在《释明・释床帐》中的解释是：“长狭而卑曰榻，言其榻然近地也。”狭长、低矮、近地，这就是榻的特点。河南信阳长台关楚墓出土的塌是至今为止发现最早的床，它上面描绘着精致的花纹，周围有栏杆，下有6个矮足，高仅19cm。

榻在秦汉时期的应用极为广泛，后期随着低矮家具的引入，榻随之减少。但在明清的绘画中仍然能够看到榻的身影，这时期的榻被作为小憩的工具，放在室外使用，如图2-34所示。当今，一些有院落的居民还有将低矮的、平面的榻放在院子里作乘凉之用。

图2-34　榻

（2）罗汉床

罗汉床在形式上呈三面围挡，一面敞开，其功能除用于睡眠外，还是一个待客工具，两个人可以倚靠在床上聊天。通览历朝历代的绘画作品，频频可以见到古人以罗汉床为中心待客的场面。《韩熙载夜宴图》中韩熙载坐在有三面围子的罗汉床上观看歌舞表演，而其他人则坐在椅子上，可见当时床在坐卧类家具中的等级是很高的。图2-35为清代黄花梨螭龙纹五屏罗汉床。

图2-35　清代黄花梨螭龙纹五屏罗汉床

（3）架子床

《女史箴图》（图2-36）中描绘了一张床，该床的床体较大，上有帷幔、下为床榻，床高度与当今床高相差无几；四面设屏，前面留有活屏可供上下床。这一时期屏风与床相结合的形式被视为架子床的前身。

图2-36《女史箴图》

架子床，床身上架置柱和杆，有的在两端和背面设有三面围栏或迎面安置门罩。架子床形式多样，有四柱、六柱，甚至还有八柱，如图2-37所示。因有立柱的出现，便可以在床周围挂帐，冬天保温，

（a）四柱架子床　（b）六柱架子床　（c）八柱架子床

图2-37　架子床

夏天避虫。并且，帷帐将床划分成一个独立的空间，仿如一间小屋。

架子床的出现可以说改变了中国古人的起居文化。明代中国人的睡觉形式有了大睡和小睡之分：大睡是夜间睡眠，小睡则为午睡。大睡在架子床上，小睡在榻或罗汉床上完成。

（4）拔步床

拔步床又称八步床，是在架子床的基础上，外面设浅廊，它是中国古典家具中体型最大的一种床，如图2-38所示。拔步床大致可以分成两类：一类是廊柱式拔步床（早期形态），另一类是围廊式拔步床（典型形态）。拔步床主要出现在明代晚期中国的江南地区。该床在外形上看似把架子床放在一个封闭的木质平台上，平台长出床的前沿二三尺，平台四角立柱，镶以木质围栏。有的拔步床还在两边安上窗户，使床前形成一个回廊，回廊虽小但人可进入，人跨步入回廊犹如跨入室内，回廊中间置一脚踏，两侧可以安放桌、凳等小型家具用以放置杂物。这种床形体很大，床前有相对独立的活动范围，虽在室内使用，但宛如一间独立的小房子。

图2-38　拔步床

（5）现代床

随着时代的变化，卧室里的床已不再像传统的床那么装饰繁复、用材厚重了，人们开始更喜欢简约、舒适、功能多样的床。新中式风格的出现迎合了现代人的精神和物质需求。新中式风格是一种以中国传统文化为基础，融入传统元素，通过现代的设计手段、设计思维，配合现代化的制造工艺，呈现具有现代气息而不失传统韵味风格的家具形式。图2-39为新中式风格床。

图2-39　新中式风格床

并且，随着智能家居技术的不断发展，人们的生活更加便捷。无论是床还是其他家具，每个时代都有其属于这个时代特有的印记，因此家具设计中我们要创新思维、敢想敢做，梦想总会照亮现实。

结语

中国家具是中华民族文化的重要组成部分，具有丰富的内涵和艺术价值。一路走来，它见证了中华民族五千年的风雨历程，中国历代的家具工匠们师徒相传，将技艺流传也将中国文化符号印刻在家具设计中。弘扬中华优秀传统文化是每个公民的责任，作为家具人和家具爱好者有责任和义务了解和传播中国的家具文化，让更多的人了解中国家具背后的故事。

谈一谈

本项目拓展以卧具来看中国家具的继承与发展。其实除了卧具，其他的家具形式也有着相同又不同的变化。那么，请大家以某一类家具为调研点，探索该类家具的发展历程。根据调研成果，谈一谈你的发现。

项目3 家具物质技术

项目描述

一件家具由若干个零部件构成，每个零部件所选用的材料将决定其连接的结构形式。如果说家具材料是构成家具造型的主要因素，那么结构将是家具完美呈现的内在支持。一切的物质技术都是为了更好地塑造家具而产生的。

项目目标

1. 掌握家具材料的种类及其特点。
2. 掌握不同材料家具的结构。
3. 掌握家具各零部件名称。
4. 了解家具中的榫卯结构及创新。

项目计划

项目任务	主要知识点	学时
任务3.1 家具材料	实木、人造板、竹藤、塑料、金属、复合材料	2
任务3.2 家具结构	榫卯、框架、嵌板、拼板、“32mm系统”、五金件、骨架、面层、塑料壁厚、加强筋与支撑面、模具斜度与圆角、焊接、铆接、螺钉和螺栓连接、插接	2
任务3.3 家具构件名称	家具零件、家具部件	1
项目拓展 中国智造——榫卯	榫卯的起源、家具中的榫卯、榫卯的创新	1

任务3.1　家具材料

任务引入

家具材料是决定家具造型和家具结构的关键因素。家具用材种类繁多，可独立使用也可相互搭配。不同材料之间的搭配组合可以增加家具造型的可变性，提高家具品质。为了将设计构思落实到家具制造中，必须掌握家具常用材料的特性及其相应的结构与工艺。本任务是对家具材料的类型及相关特性进行梳理，以达到可以正确识别和选用家具材料的目的。

知识链接

材料种类多样，分类方式也较为繁复。按照材料的来源可分为天然材料（实木、竹藤、石材等）和人造材料（玻璃、塑料、人造板材等）；按照材料的分子结构可分为高分子材料（塑料、棉麻等）和低分子材料（金属、石材等）；按照材料的形状可分为点状材料、线状材料和块状材料；按物质的组成元素分为有机材料和无机材料；按降解性能分为可降解材料和不可降解材料等。本任务将重点说明材料的种类及其特点。

3.1.1　实木

（1）实木种类

实木按照树种的不同可分为针叶材和阔叶材两大类。

针叶材，材质较软，易加工，又称软材，具有变形小、耐腐蚀性强、纹理平直等特点。常见的针叶材有红松、樟子松、云杉、落叶松、柏木等。

阔叶材，材质较硬，不易加工，又称硬材，具有密度大、强度高、变形大、易开裂等特点。常见的阔叶材有水曲柳、花梨木、黄菠萝、榉木、柞木、榆木等。

（2）实木特性

①物理特性：实木具有质量轻、强度高、易加工等优点，可以利用简单的手工工具（图3-1）或电动机械工具（图3-2）进行锯、铣、刨、磨、钻等加工，也可以采用榫卯、胶、钉、螺钉、其他连接件等多种接合方式完成家具的组装。另外，利用弯曲、压缩、切片、改性等机械或化学处理可制造出形态丰富的实木家具作品，如图3-3使用实木弯曲

图3-1　手工工具

图3-2　电动机械工具

图3-3　实木弯曲制造的家具

制造的家具。

②心理特性：包括色彩方面和纹理方面。

a. 色彩方面：深色实木家具（图3-4）具有沉稳、庄重之感，常见的深色木材有紫檀、花梨木、乌木等；浅色实木家具（图3-5）具有明快、洁净之感，常见的浅色木材有白桦、冷杉、杨木等。

b. 纹理方面：木材的自然纹理行云流水、深浅不一，犹如山水画般，给人以舒畅的感觉，如图3-6所示。纹理的疏密变化富有节奏和韵律，因其自然形成，每一件实木家具的纹理都是独一无二的。

图3-4　深色实木家具（明度低）

图3-5　浅色实木家具（明度高）

图3-6　木材纹理

3.1.2　人造板

（1）人造板种类

常见的人造板有刨花板、纤维板、胶合板、细木工板、空心板、集成材等。人造板具有幅面大、质地均匀、表面平整、易于加工、利用率高、变形小、强度大等特点。采用人造板制造的家具，结构简单，生产方便，产量高，便于标准化、系列化、通用化、连续化、自动化生产。

（2）人造板特性

①刨花板特性：刨花板是以木材加工废料、小径木、采伐剩余物或其他植物性材料为原料，经过机械加工形成一定规格形态的碎料或刨花，并施加一定数量的胶黏剂和添加剂，经铺装和热压制成的人造板材。刨花板具有结构均匀、幅面大、表面平整、易于自动化加工、便于储存、节约木材资源、提高木材利用率等优点，如图3-7所示。但因其密度较大，使用刨花板制造的家具重量较大；刨花板边缘粗糙，需要进行封边处理；由于是碎料或刨花合成的板材，其不宜开榫、握钉力差。

图3-7　刨花板

②纤维板特性：纤维板是以木材或其他植物纤维为原料，经过削片、制浆、成型、干燥和热压制成的板材，又称密度板。纤维板具有幅面大、内部结构均匀、强度高、尺寸稳定、变形小等优点；表面平整、可胶贴各种饰面材料，也可直接进行涂饰和印刷处理；

易于雕刻、铣形。然而，纤维板具有易吸水变形、表面装饰性差、握钉力差等缺点。图3-8为纤维板及其表面的铣形。

③胶合板特性：胶合板是由原木经过旋切（或刨切）形成单板，再经纵横交错排列胶合为三层或多层的人造板，常见的有三合板、五合板、九合板和十三合板。胶合板具有幅面大、厚度小、密度小、表面平整、不易翘曲变形，横纹抗拉力学性能好等特点。胶合板常用于柜类家具的背板、底板等。另外，借助模板运用多层胶合板弯曲热压胶合工艺，可获得流线型的家具部件。图3-9为胶合板与家具胶合板部件。

④细木工板特性：细木工板是用长短不一的小木条拼合成芯板，两面胶贴一层或两层单板，经加压而成的实心板材，又称大芯板。细木工板（图3-10）具有强度高、幅面大、稳定性好、握钉力强、易加工、吸水膨胀率小等特点。

图3-8　纤维板及其表面铣形

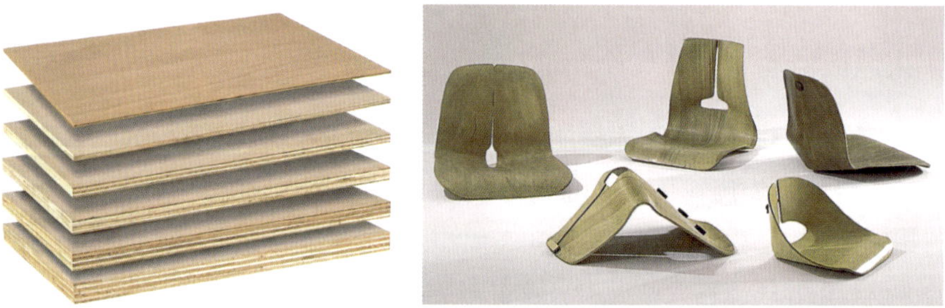

图3-9　胶合板与家具胶合板部件

图3-10　细木工板

3.1.3　竹藤

（1）竹藤种类

适合制作家具的竹材主要有刚竹、毛竹、桂竹、淡竹、水竹、黄枯竹、慈竹等。图3-11为竹与竹家具。藤材可分为进口藤和国产藤。国产藤分布于我国广东、台湾等地，主要分为广藤、土藤、野藤三类。

图3-11　竹与竹家具

（2）竹藤特性

①竹材物理特性：竹材质地坚硬、耐水性好，具有较高的力学强度，抗拉、抗压能力强，富有韧性和弹性，抗弯能力强，不易折断，但缺乏刚性。

②藤材物理特性：藤材不但可以单独制造家具，也可以配合木材、金属等材料使用。藤材韧性强，耐水性好，编织后具有良好的透气性，常作为靠背、坐面、床面材料使用。图3-12为各类藤编织。

③竹藤心理特性：竹藤均为自然材料，其天然的属性给人以亲切、温和、舒适的感觉。竹藤因其柔软、耐水的特点，很适合制作室内外休闲类家具。

图3-12　藤编织

3.1.4 塑料

（1）塑料种类

塑料是以合成树脂或天然树脂为主要原料，加入适量添加剂，经过一定的温度和压力制成的一类高分子固体材料。用于家具制造的塑料主要有聚氯乙烯（PVC）、聚丙烯（PP）、玻璃纤维增强塑料（FRP）、ABS塑料、丙烯酸塑料（压克力）、聚氨酯泡沫塑料（发泡塑料）等。图3-13为各类塑料家具。

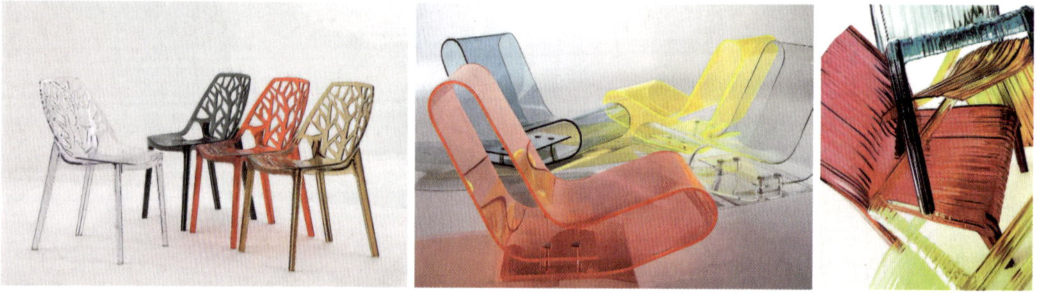

图3-13 各类塑料家具

（2）塑料特性

①物理特性：塑料具有易加工性，其加工方法多样，如挤出法、注塑法等；塑料质轻、导热性能差，是很好的绝热材料；塑料具有良好的消声性和吸震性；塑料具有弹性和柔韧性。但塑料易老化、易产生静电、易燃、刚性小。

②心理特性：塑料质轻，给人轻盈感，便于搬运，随拿随放；受力、受热易变形，具有较强的张力感；色彩丰富，能调节环境氛围，让人心情愉悦；表体质感圆润、温和，使用安全，不易对人产生伤害。

3.1.5 金属

（1）金属种类

金属是制造家具的主要材料，也是制造家具五金件、装饰构件的主要用料。金属按照表面色彩可以分为黑金属和有色金属。其中，黑金属是指铁和铁的合金，如钢、生铁等；有色金属是指除黑色金属外的金属和合金，如铜、铝、锌、铝合金、铜合金等。图3-14为金属家具。

（2）金属特性

①物理特性：金属具有质地坚硬、张力大、防火、防腐等特点。其中，钢材具有抗拉、抗压、抗冲击和耐疲劳等特点，能承受较大的弹性和塑性变形；铝合金具有质量轻、强度高、塑性好、耐腐蚀等特点；铸铁具有强度大、熔点低、韧性差等特点。

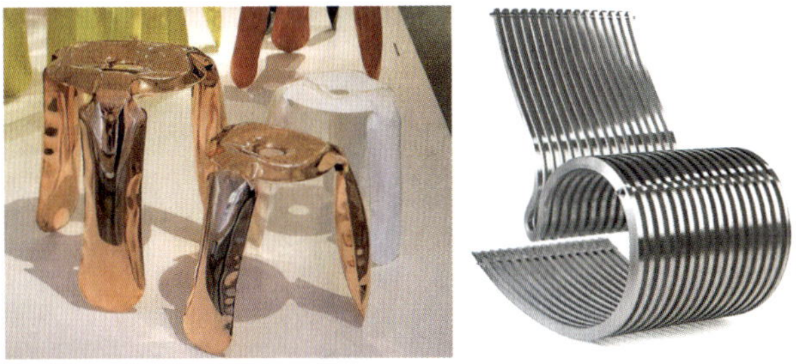

图3-14　金属家具

②心理特性：金属表面光洁，具有洁净、冰冷、科技之感。家具制造中，金属材料较少独立使用，常与其他材料配合，如金属与木材、金属与塑料、金属与玻璃等。图3-15为金属与其他材料组合的家具。

图3-15　金属与其他材料组合的家具

3.1.6　复合材料

（1）复合材料种类

复合材料是指由两种或两种以上组分的材料通过适当的制造工艺复合在一起，既保留原组分的性能，又在此基础上增加了其他优异性能。家具中常用的复合材料有木塑复合材料、玻璃钢复合材料、塑料复合钢板等。

（2）复合材料特性

①物理特性：木塑复合材料具有易于加工、耐用、寿命长、抗压、抗冲击、防水、耐腐蚀、不易虫蛀等特点。玻璃钢复合材料具有强度大、易于塑形、色彩丰富、耐腐蚀、耐老化、不易生锈、密封性好等特点。塑料复合钢板具有防腐、防锈、绝缘、隔声等特点。

②心理特性：复合材料因其具有两种或两种以上组分材料的特性，给人一种取长补短、优势互补的感觉，具有良好的韧性和张力，较单一材料更具优势。

任务实施

任务内容：收集以实木、人造板、竹藤、塑料、金属为主的家具，并对其进行设计分析。

实施要求：1. 每种材料需收集不少于一件以此为主材的家具作品。

2. 可以从网络、书籍、实体店中采集、收集家具资料，但需要注明资料来源。

3. 说明家具使用材料的类型、物理特性和心理特性，并加入对该件家具的整体设计分析。

4. 将上述内容整理成PPT文件，要求图文并茂、排版美观。

5. 对家具材料和造型分析需要融入主观想法，不能照搬照抄教科书。

6. 准备5～10min的汇报内容。

任务3.2 家具结构

任务引入

精美的家具设计不能只停留在纸面上。那么，该如何将设计方案变为实物呢？很多时候，一些创意的家具设计方案根本无法实现。问题一，没有合理的结构作为支撑；问题二，加工工艺无法达到设想要求。因此，家具由设计方案转化为产品，除了要有创意的设计想法，还应该匹配合理的结构和考究的工艺。本任务将结合任务3.1中的家具材料，说明不同材料家具常用的结构形式。

知识链接

结构是造型的重要保证，不同家具因受力方式不同，其结构也不相同。

3.2.1 实木家具结构

实木家具结构主要有榫卯结构、框架结构、嵌板结构、拼板结构、传统实木家具榫卯结构、现代实木家具五金连接件结构，常用的接合方式有榫接合、钉接合、木螺钉接合、胶接合和连接件接合等。

（1）榫卯结构

榫卯结构的分类如下。

①按榫头的形状分为直角榫、燕尾榫、圆棒榫、椭圆榫、指形榫，如图3-16所示。

②按榫头的数目分为单榫、双榫、多榫，如图3-17所示。

③按榫头的切肩形式分为单面切肩、双面切肩、三面切肩、四面切肩、斜肩等，如图3-18所示。

④按照接合后榫头的侧边显现分为开口榫、半开口榫、闭口榫，如图3-19所示。

⑤按榫头的贯通形式分为明榫、暗榫，如图3-20所示。

⑥按榫头与方材之间的关系分为插入榫、整体榫，如图3-21所示。

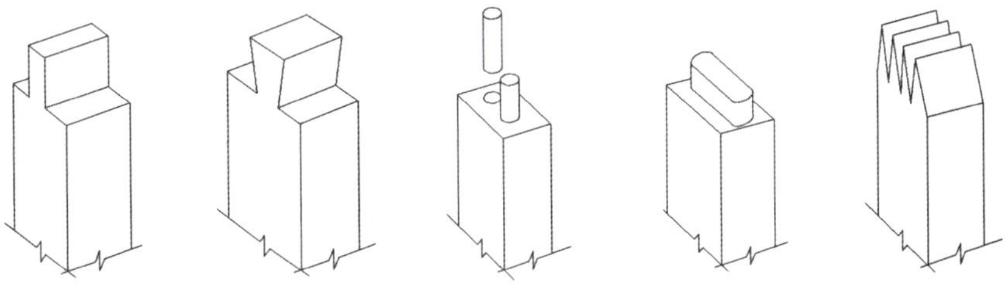

（a）直角榫　（b）燕尾榫　（c）圆棒榫　（d）椭圆榫　（e）指形榫

图3-16　榫头的形状

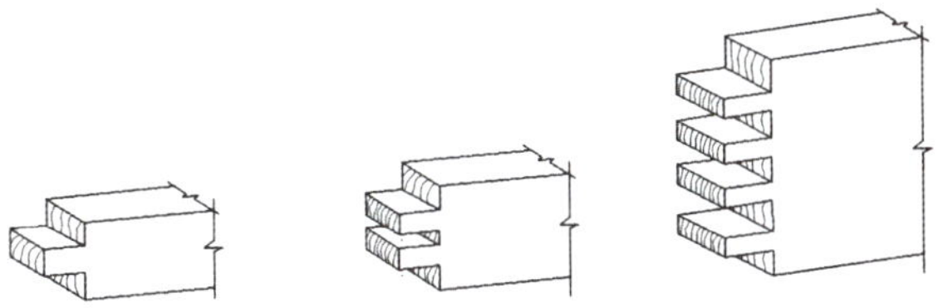

（a）单榫　（b）双榫　（c）多榫

图3-17　榫头的数目

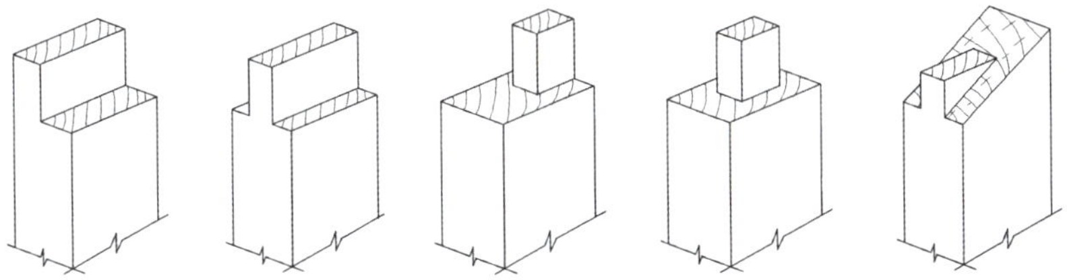

（a）单面切肩　（b）双面切肩　（c）三面切肩　（d）四面切肩　（e）斜肩

图3-18　榫头的切肩形式

（2）框架结构

框架是家具的基本构件，也是框式家具的受力构件。框架由纵横各两根方材通过榫接合而成，框架中间可镶嵌木板或玻璃等材料。图3-22为框架结构各部分名称。

框架的框角接合方式，可根据方材断面及所用部位的不同，采用直角接合、斜角接合、中档接合等多种形式，如图3-23至图3-25所示。

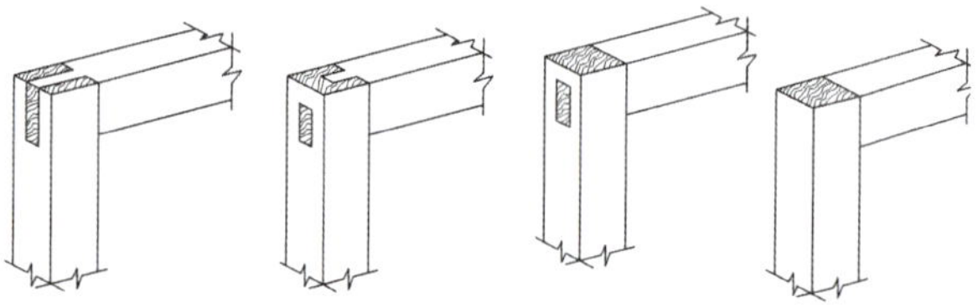

（a）开口榫　（b）半开口榫　（c）闭口榫

图3-19　榫头的侧边显现

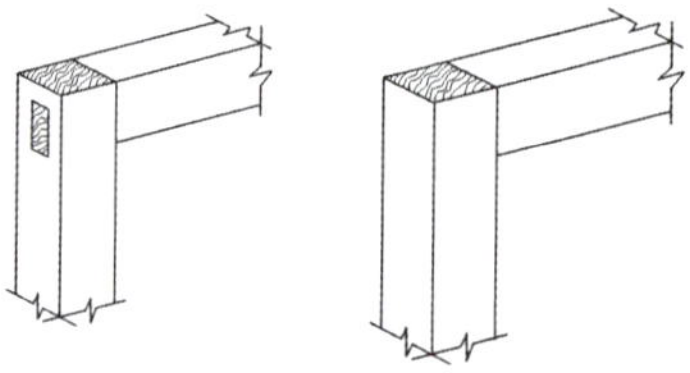

（a）明榫　（b）暗榫

图3-20　榫头的贯通形式

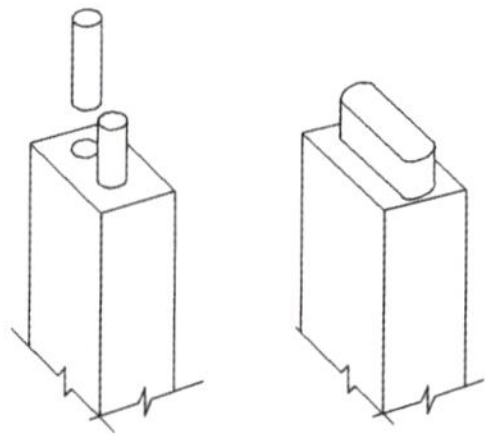

（a）插入榫　（b）整体榫

图3-21　榫头与方材之间的关系

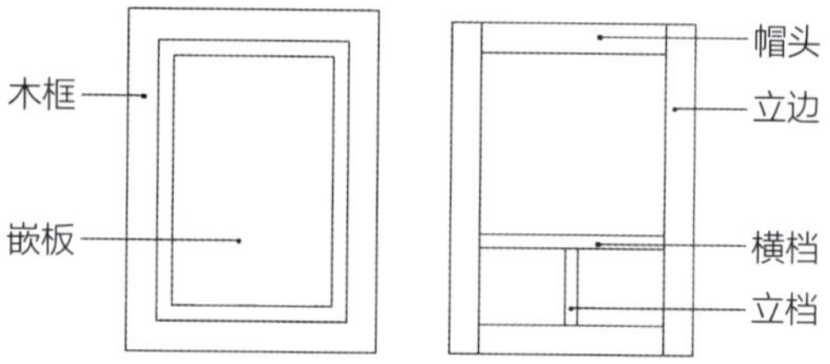

图3-22　框架结构各部分名称

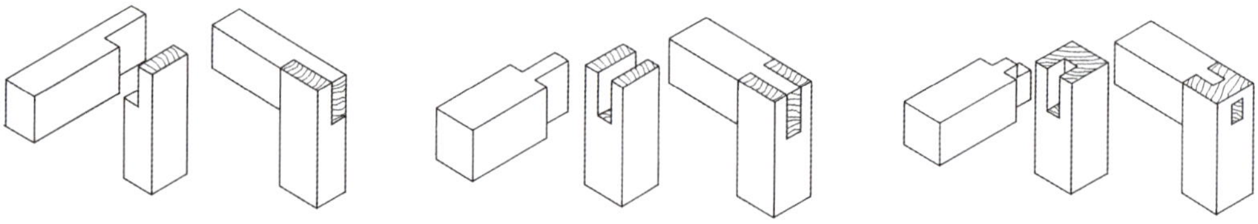

（a）单面切肩榫　（b）开口明榫　（c）半开口明榫

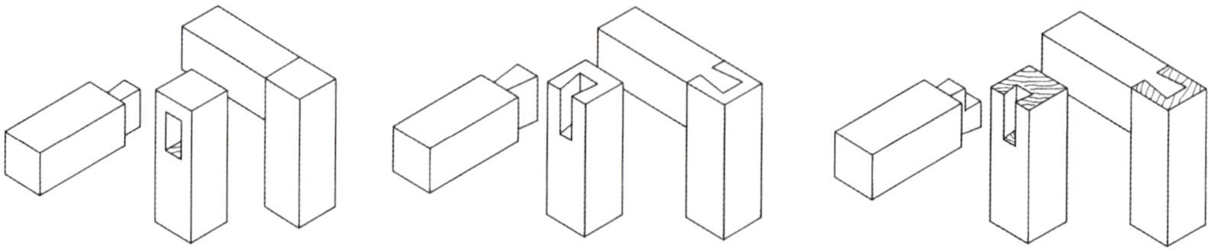

（d）暗燕尾榫　（e）开口燕尾榫　（f）半开口暗榫

图3-23　直角接合形式

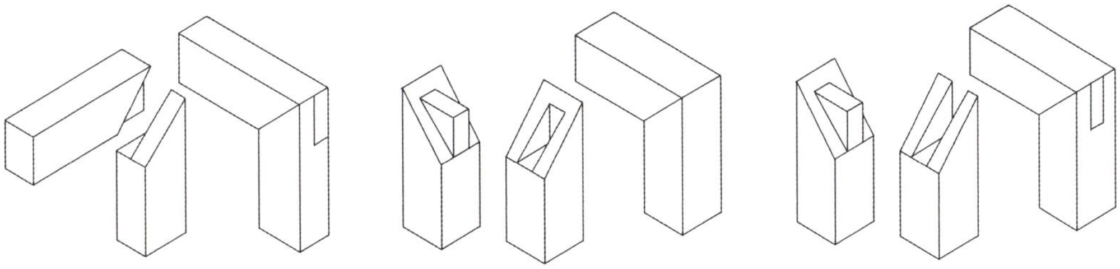

（a）单面切肩榫　　（b）闭口榫　　（c）开口榫

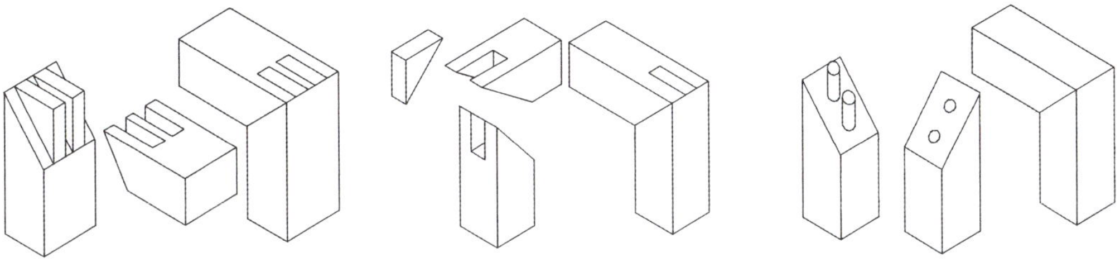

（d）斜角开口明双榫　　（e）插入三角榫　　（f）圆棒榫

图3-24　斜角接合形式

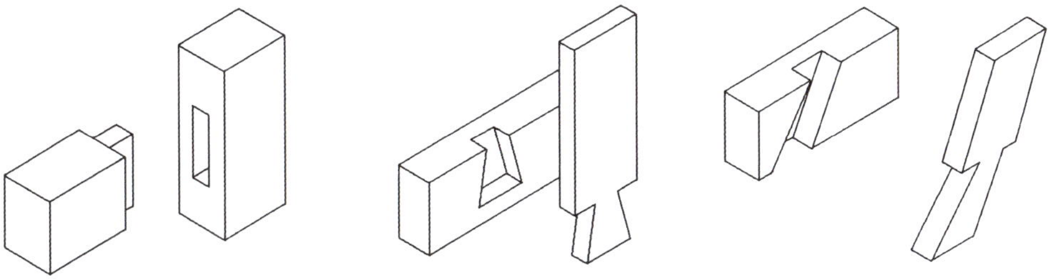

（a）暗榫　　（b）闭口燕尾榫　　（c）斜口燕尾榫

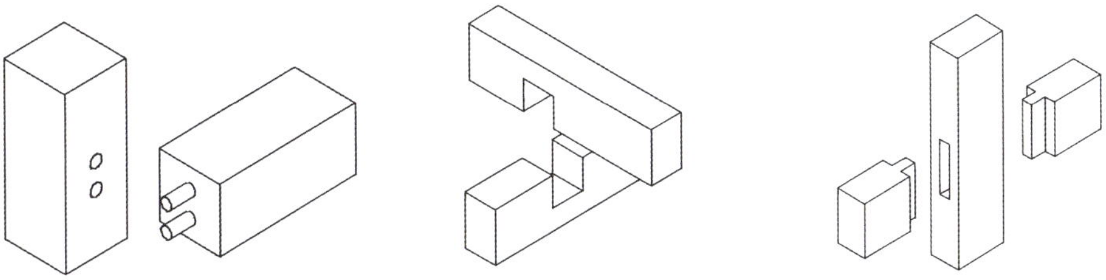

（d）插入圆棒榫接合　　（e）嵌槽十字接合　　（f）直角暗榫十字接合

图3-25　中档接合形式

（3）嵌板结构

嵌板结构是框式家具中最常见的结构，其是将板材嵌入木框中间，起到封闭、隔离的作用。嵌板结构主要有裁口法嵌板和槽榫法嵌板，如图3-26所示。

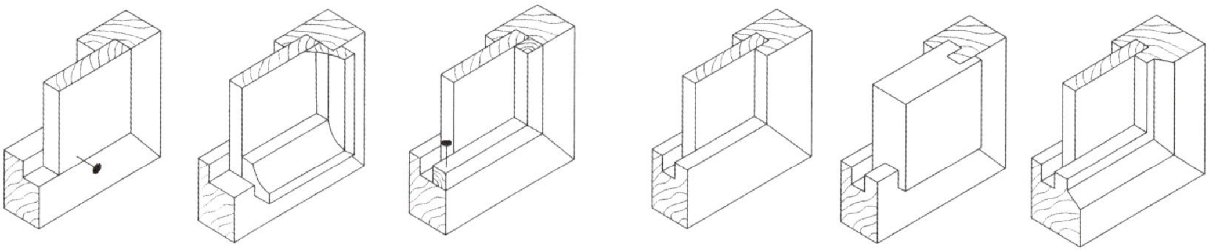

（a）裁口法嵌板　　（b）槽榫法嵌板

图3-26　嵌板结构

（4）拼板结构

①拼宽：拼宽是将窄板拼合成所需要的宽板。家具中的桌面板、台面板、座面板、嵌板等都是采用拼宽的形式。拼宽的接合方式主要有平拼、裁口拼、企口拼、插入榫拼、穿条拼、螺钉拼等，如图3-27所示。为防止或减小木材因含水量变化导致的变形，可采用镶端方法加以控制。常用的镶端方法有装榫法、嵌端法、装板条法、贴三角形木条法等，如图3-28所示。

②接长：实木材料可通过对接、斜面接、齿榫接等方法实现短料接长，如图3-29所示。

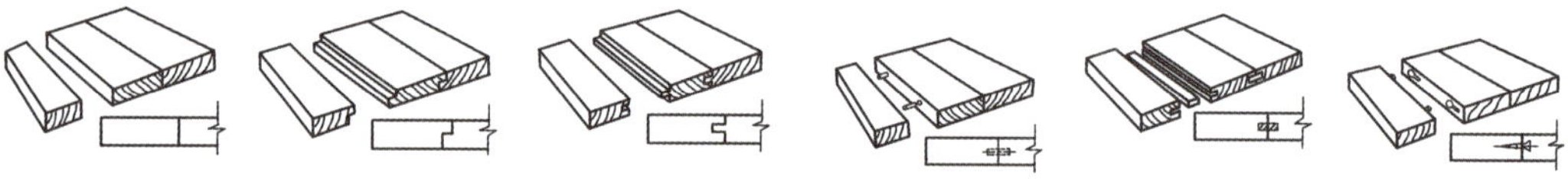

（a）平拼　（b）裁口拼　（c）企口拼　（d）插入榫拼　（e）穿条拼　（f）螺钉拼

图3-27　拼宽的接合方式

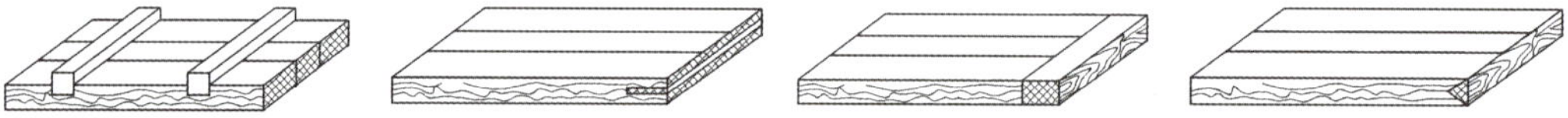

（a）装榫法　（b）嵌端法　（c）装板条法　（d）贴三角形木条法

图3-28　拼宽的镶端方法

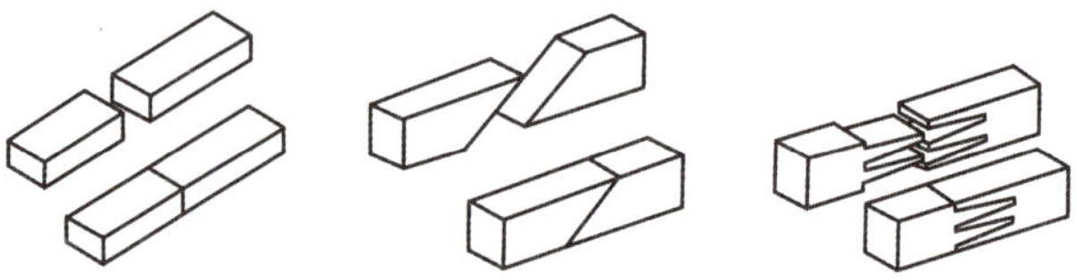

（a）对接　（b）斜面接　（c）齿榫接

图3-29　接长的接合方式

（5）传统实木家具榫卯结构

在《中华榫卯——古典家具榫卯构造之八十一法》中，列举了81种传统家具榫卯结构形式。每种榫卯结构都凝聚了古代匠人的智慧，巧妙的拼接让中国传统家具不用一钉就可牢固矗立。图3-30为部分榫卯构造示意图。

（6）现代实木家具五金连接件结构

传统家具的榫卯结构虽然精良，但不适合工业化生产。家具产品部件化成为了当下工业化生产的主流，榫接合逐步被五金连接件所代替。现代家具多为可拆装结构，出厂前对零部件进行单独包装，然后在家具使用场所进行组装，这种可拆装的家具更适合应用五金件作为连接件。图3-31为部分现代实木家具五金连接件示意图。

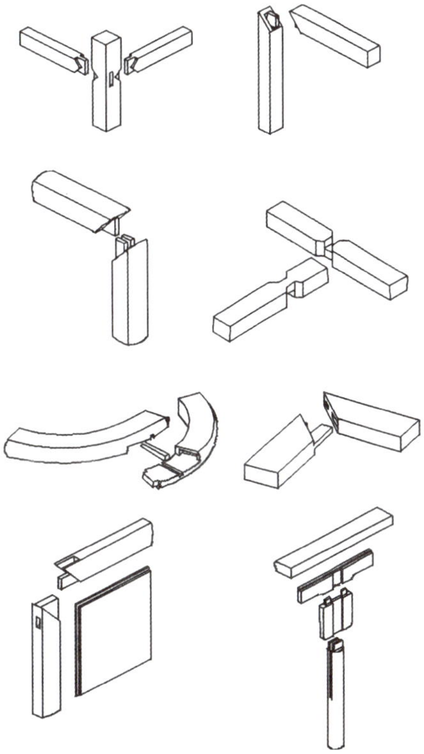

图3-30　部分榫卯构造示意图

3.2.2　板式家具结构

板式家具主要以人造板为基材，采用五金连接件和圆棒榫装配而成。常用的人造板有刨花板、中密度纤维板、胶合板、细木工板等。

（1）“32mm系统”板式家具

“32mm系统”出现于20世纪50年代的欧洲，人们为了安装五金件和圆棒榫，需要提前在板材上利用钻头间距为32mm的排钻（图3-32）进行打孔操作，由此“32mm系统”成为世界板式家具的通用体系。

“32mm系统”是一种模数化、标准化的板式家具结构设计理论，其要求零件上的孔间距为32mm的整倍数，以保证排钻将孔一次打出。

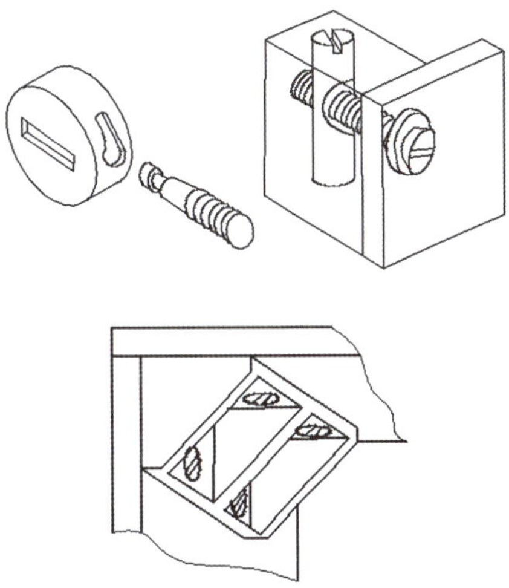

图3-31　部分现代实木家具五金连接件示意图

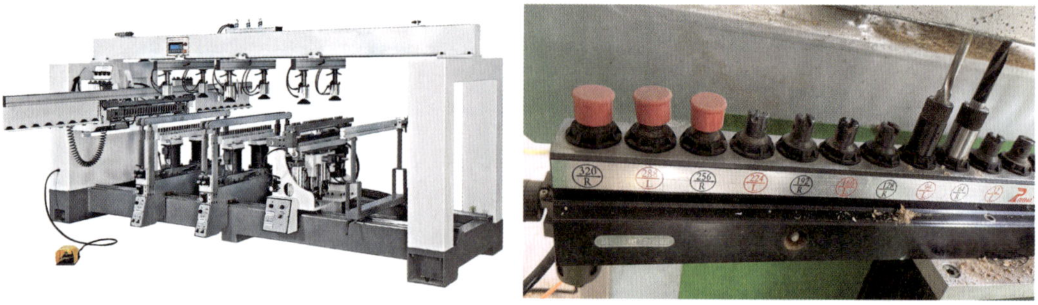

图3-32　排钻

（2）“32mm系统”板式家具设计准则

“32mm系统”以旁板的设计为核心，顶板、底板、搁板、背板、抽屉滑轨、门板都必须与旁板接合。旁板上有两种类型的孔，分别是结构孔和系统孔，如图3-33所示。

①结构孔：结构孔是形成家具框架的孔，设在水平坐标上。

②系统孔：系统孔用于装配搁板、抽屉、门板等零部件，位于板件的两侧，即在纵坐标上。前后轴线及其辅助线之间的距离均应保持为32mm的整倍数。通用系统孔孔径为5mm，孔深度规定为13mm。当系统孔作为结构孔时，其孔径根据选用的配件要求而定，一般常为5，8，10，15，25mm等。

（3）板式家具常用五金件

①偏心连接件：偏心连接件由倒刺螺母、连接杆和偏心轮组成，又称三合一，如图3-34所示。偏心连接件用于两个相互垂直板件间的连接，其拆装方便、灵活，接合强度高，适用于装配式家具。但由于偏心连接件的定位性较差，因此需要用圆棒榫定位。

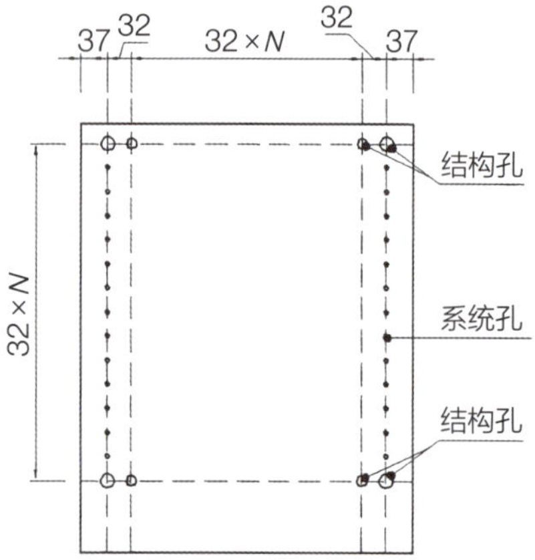

图3-33　结构孔和系统孔

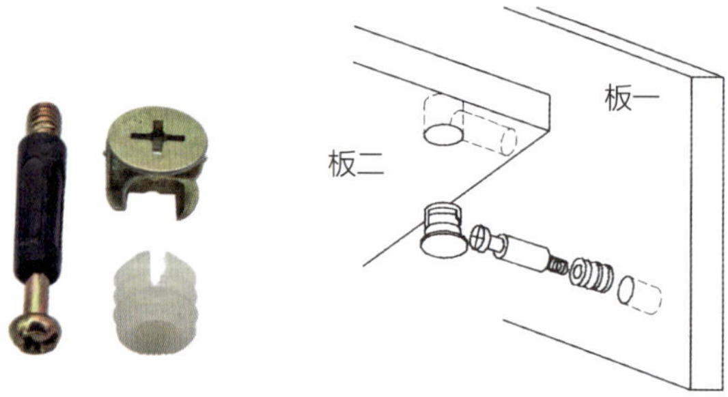

图3-34　偏心连接件

②倒刺连接件：倒刺连接件主要用于两个垂直板件间的接合，如图3-35所示。按螺母上倒刺形状的不同，倒刺连接件可分为直角式、角尺式、排刺式等。

图3-35　倒刺连接件

③螺旋式连接件：螺旋式连接件主要用于两个垂直板件间的接合，如图3-36所示，原理同倒刺连接件。螺旋式连接件分为空心木螺钉螺母连接件、圆柱螺母连接件。

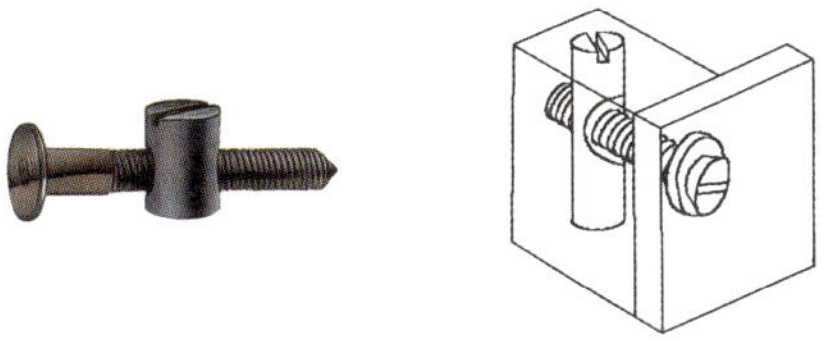

图3-36　螺旋式连接件

④铰链连接件：铰链是门板与箱体的活动连接件，用于柜门的开启与关闭。铰链连接件按构造的不同分为合页、暗铰链、玻璃门铰、门头铰等，其中最为常见的是暗铰链。暗铰链完全藏于家具内部，不外露。图3-37为各种类型的铰链。

（a）平开合页　（b）暗铰链　（c）玻璃门铰

图3-37　各种类型的铰链

⑤抽屉滑轨：根据滑动方式的不同分为滚轮式和滚珠式；根据抽屉拉出程度的不同分为部分拉出和全拉出；根据可承受荷载的不同分为轻型、中型和重型；根据安装方式的不同分为托底式、侧向式、抽底式等；根据结构特点的不同分为两节滑轨、三节滑轨、自回弹隐藏式滑轨等。图3-38为部分抽屉滑轨。

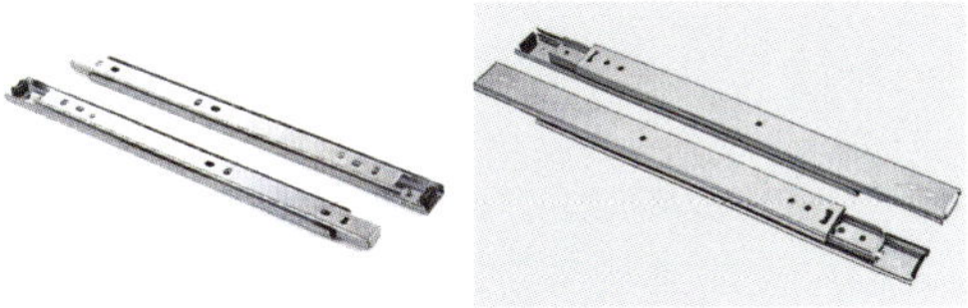

（a）两节滑轨　（b）三节滑轨

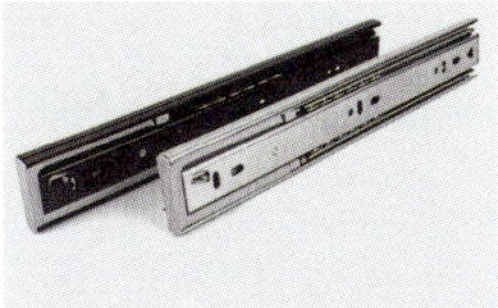

（c）自回弹隐藏式滑轨

图3-38　部分抽屉滑轨

3.2.3　竹藤家具结构

竹藤家具的结构主要分为两部分：骨架和面层。

（1）骨架

竹藤家具的骨架可采用竹竿、粗藤条，也可采用木质、金属框架，如图3-39所示。骨架的接合方式主要有弯接法、缠接法、插接法等，如图3-40所示。

①弯接法：是将竹材锯口后弯曲，与另一竹材相接。

②缠接法：是竹藤家具中最常见的一种结合方式，其是先在被连接的竹材上钉孔，再用

藤条进行缠绕。

③插接法：是竹竿之间的接合方法，其是在较大的竹竿上开孔，然后将小竹竿插入，再用竹钉锁牢。

（a）藤条骨架　（b）木质骨架　（c）金属骨架

图3-39　竹藤家具骨架

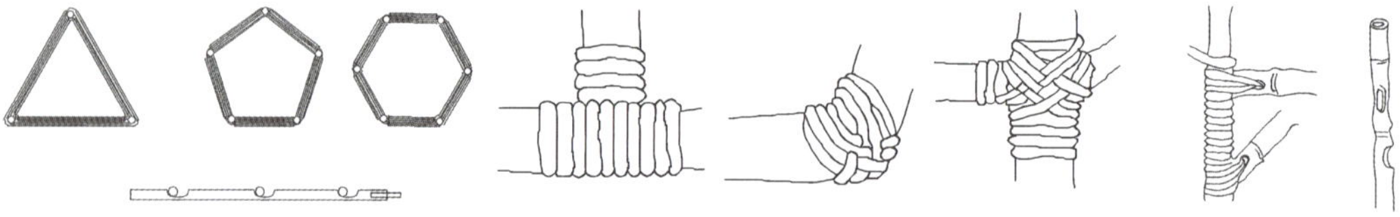

（a）弯接法　（b）缠接法　（c）插接法

图3-40　骨架的接合方式

（2）面层

竹藤家具的面层一般采用竹片、藤条、藤皮等编织而成。竹藤家具的编织方法主要有单独编织法、连续编织法、图案纹样编织法。图3-41为各类竹藤编织。

①单独编织法：是用藤条编织成结扣和单独的图案，结扣用于连接构件。

②连续编织法：是用四方连续构图方法编织组成面。

③图案纹样编织法：是用条形材料编织各种图案，并将其安装于家具的框架上，起到装饰作用和对受力构件的辅助支撑作用。

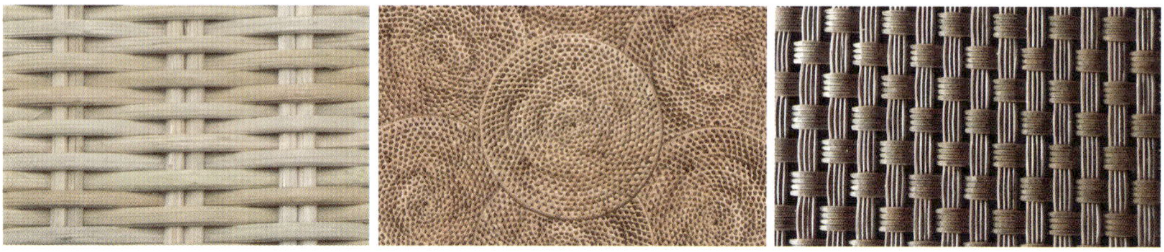

图3-41　竹藤编织

3.2.4　塑料家具结构

塑料家具常由一个单独的部件组成，其通过注塑成型、浇铸成型、压制成型、挤出成型、中空成型等工艺制造而成。塑料家具结构要注意以下几个方面：塑料壁厚、加强筋与支撑面、模具斜度与圆角、孔与螺纹等。

（1）塑料壁厚

表3-1中列举了常用塑料制品的壁厚范围。在实际加工过程中，壁厚应尽量均匀，壁与壁连接处尽量用圆弧过渡。

表3-1　常用塑料制品的壁厚范围

塑料名称	壁厚范围/mm	塑料名称	壁厚范围/mm
聚乙烯	0.9～4.0	聚甲基丙烯酸甲酯	1.5～5.0
聚丙烯	0.6～3.5	聚氯乙烯	1.5～5.0
聚酰胺	0.6～3.0	聚碳酸酯	1.5～5.0
聚苯乙烯	1.0～4.0	ABS塑料	1.5～4.5

（2）加强筋与支撑面

塑料制品的厚度达不到强度要求时，需要在制品反面设置加强筋。加强筋的高度一般为壁厚的3倍左右，厚度一般为壁厚的1/2。

（3）模具斜度与圆角

注塑成型的塑料制品为便于脱模，设计时塑料制品与脱模方向平行的表面应具有一定的坡度。并且，塑料制品转角处都应以圆弧作为过渡。表3-2为常用塑料制品脱模斜度参考值。

表3-2　常用塑料制品脱模斜度参考值

塑料名称	型腔	成型空芯	塑料名称	型腔	成型空芯
通用塑料	20′～40′	25′～40′	聚甲基丙烯酸甲酯	35′～1°30′	20′～1°
增强塑料	20′～50′	20′～40′	聚氯乙烯	35′～1°30′	—
聚乙烯	20′～45′	25′～45′	聚碳酸酯	35′～1°	—

（4）孔与螺纹

塑料制品上的孔应开设在不减弱机械强度的部位。相邻两孔之间、孔与边缘之间的距离不应小于孔的直径。制作螺纹成型的孔的直径一般不小于2mm，螺距也不宜太小。

3.2.5　金属家具结构

金属家具可以是全金属（如保险柜、档案柜等），也可以是金属+其他材料（如金属+实木、金属+玻璃等）。

图3-42　固定式结构金属家具

（1）金属家具的结构形式

根据金属家具的结构特点，可分为固定式、拆装式、折叠式、插接式等。

①固定式：通过焊接的形式将各个零部件组合在一起，如图3-42所示的固定式结构金属家具。此结构稳定性较好，有利于造型设计。但占用空间较大，不易搬运。

②拆装式：各主要零部件之间通过螺栓、螺钉、螺母及其他连接件连接，便于电镀、运输。要求零部件加工精度高，达到可以互换连接件的要求。

③折叠式：折叠式又可分为折动式和叠积式两种结构，如图3-43所示。折动式结构家具利用平面连杆机构原理，以铆钉连接为主，可以折叠存放，占地较小，便于携带。叠积式结构家具是将多个家具摞在一起，多见于椅凳类家具，便于存放，占地较小。

（a）折动式

（b）叠积式

图3-43　折叠式结构金属家具

④插接式：零部件通过套管和插接头（二通、三通、四通）连接，将小管的外径套入大管的内经，再用螺钉连接

固定，要求插接的部位加工精细、具有互换性。

（2）金属家具的连接方式

金属家具的主要连接方式有焊接、铆接、螺钉和螺栓连接、插接。

①焊接：焊接可分为气焊、电焊、电弧焊、储能焊等。焊接的家具牢固、稳定性较好，多用于固定式家具。图3-44为各类焊接结构。

②铆接：主要用于折叠结构或不适宜焊接的零件，如轻金属材料，如图3-45所示。

③螺钉和螺栓连接：主要应用于拆装式家具，如图3-46所示。

④插接：主要用于插接式家具两个零件之间的滑动配合或紧配合，如图3-47所示。

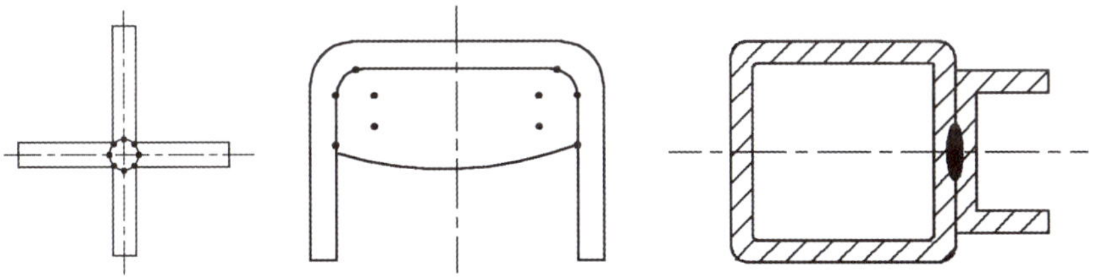

图3-44　焊接结构

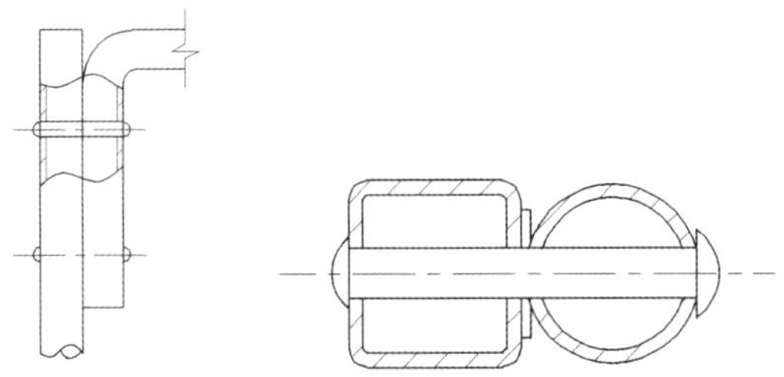

（a）固定式：实心铆接　（b）活动式：钢管与钢管之间的铆接

图3-45　铆接结构

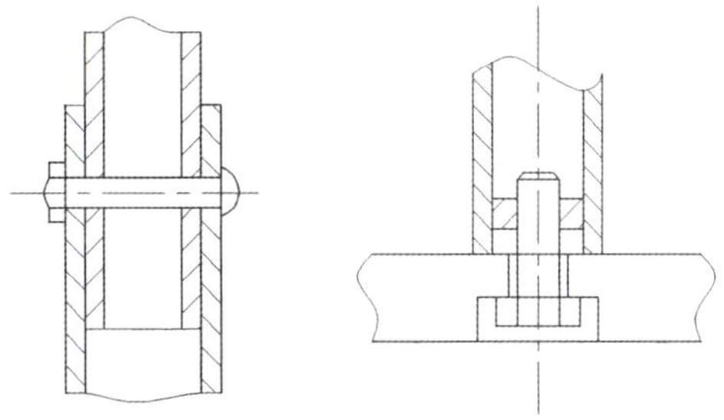

（a）半圆头螺钉、螺母连接　（b）螺栓、螺母片连接

图3-46　螺钉和螺栓连接结构

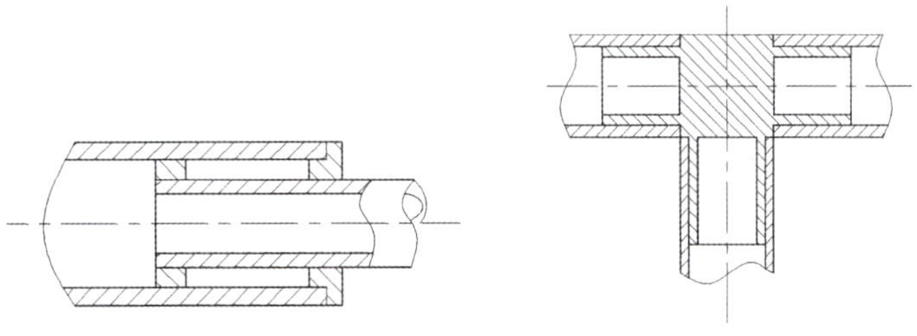

（a）滑动插接　（b）三通插接

图3-47　插接结构

任务实施

任务内容：分析家具结构。

实施要求：1. 在任务3.1的基础上，对所收集的家具进行结构分析。

2. 选择1～2件家具，对其结构进行细节勾画，并在结构图旁简要写明该处结构特点。

3. 将上述内容制作成PPT文件。

4. 准备5～10min的汇报内容。

任务3.3 家具构件名称

任务引入

家具由若干个零部件构成，这些零部件根据安装位置的不同都有相应的名称。作为家具设计和制造人员如不能明确家具构件名称，那么在后期家具工艺图绘制、家具制造过程中将会出现各种各样的问题。为了避免问题产生，并能进行有效沟通，必须熟悉这些专业名词。

知识链接

零件是家具中不可再拆分的最小单位。常用的零件有立梃、帽头、竖档、横档、嵌（装）板、腿、脚、望板、拉档、屉面板、屉旁板、屉后板、屉底板、塞角、挂衣棍等。

部件是由两个或两个以上零件组合而成的装配件。常用的部件有旁板、中隔板、搁板、开门、翻门、移门、卷门、顶板、面板、背板、底板、脚架、脚盘、抽屉等。

3.3.1　家具零部件名称

（1）家具零件

①立梃：框架两边的直立零件。

②帽头：框架上下两端的水平零件。

③竖档：框架中间的直立零件。

④横档：框架中间的水平零件。

⑤嵌（装）板：装嵌在框架槽中的板件。

⑥腿：直接支撑面板或顶板的落地零件。

⑦脚：家具底部支撑主体的落地零件。

⑧望板：连接脚（或腿）和面板（或底板）的水平板件。

⑨拉档：望板下面连接脚与脚、腿与腿的横档。

⑩屉面板：抽屉的面板。

⑪屉旁板：抽屉的侧板。

⑫屉后板：抽屉的背板。

⑬屉底板：抽屉的底板。

⑭塞角：用于加固角部强度的零件。

⑮挂衣棍：柜内挂衣架用的杆状零件。

（2）家具部件

①旁板：柜体家具两侧的板件。

②中隔板：分隔柜内空间的垂直板件。

③搁板：分隔柜内空间的水平板件。

④开门：沿着垂直轴线启闭的门。

⑤翻门：沿着水平轴线启闭的门。

⑥移门：横向移动的门。

⑦卷门：能沿着弧形轨道置入柜体的帘状移门。

⑧顶板：高于视平线（大于1500mm）的顶部板件。

⑨面板：低于视平线（小于1500mm）的顶部板件。

⑩背板：封闭柜体背面的板件。

⑪底板：柜体底部的板件。

⑫脚架：由脚和望板（或由板件）构成的用于支撑家具主体的部件。

⑬脚盘：由脚架与底板构成的部件。

⑭抽屉：柜体内可灵活抽出、推入的盛放东西的匣形部件。

3.3.2 现代家具构件名称

（1）鞋柜

鞋柜零部件名称如图3-48所示。

（2）靠背椅

靠背椅零部件名称如图3-49所示。

（3）衣柜

衣柜零部件名称如图3-50所示。

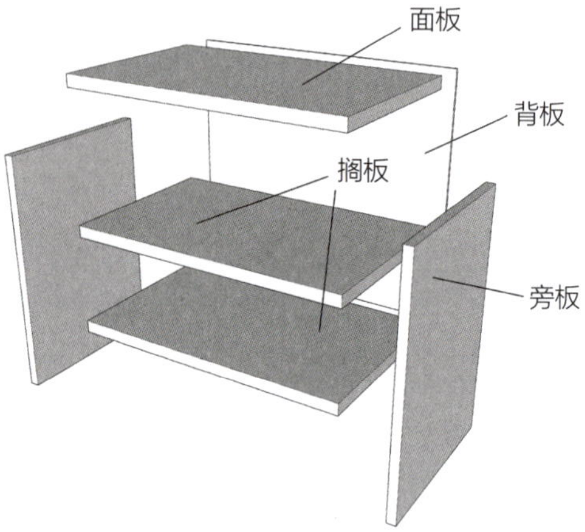

图3-48 鞋柜零部件名称

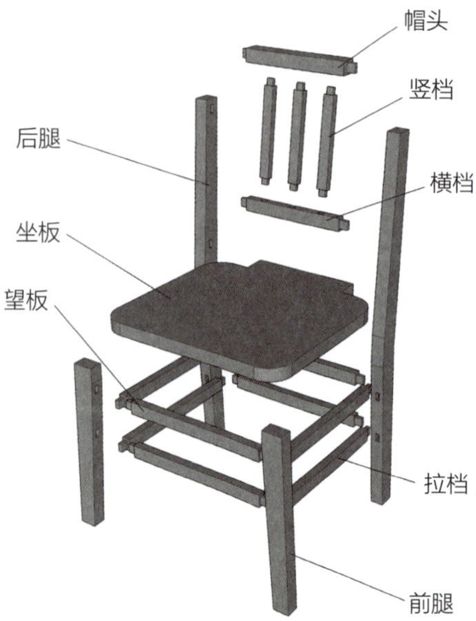

图3-49 靠背椅零部件名称

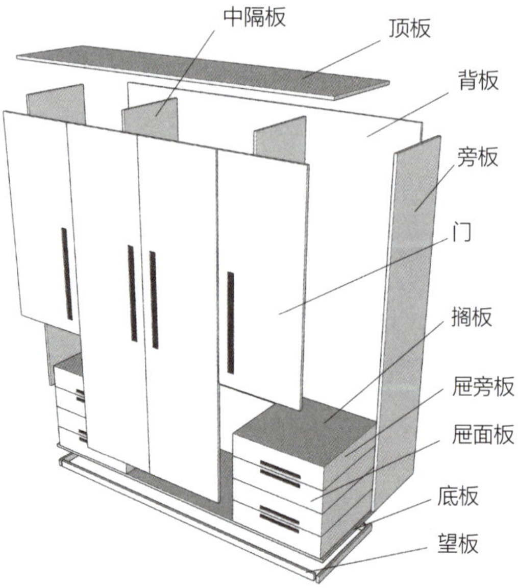

图3-50 衣柜零部件名称

3.3.3 中国传统家具构件名称

中国传统家具各部分构件名称与现代家具略有不同，下面以四出头官帽椅、圈椅、方桌为例进行说明。

（1）四出头官帽椅

四出头官帽椅是一种搭脑和扶手都探出头的椅式家具，因其造型像古代官员的帽子而得名，是我国明式家具中一种典型的椅子造型。四出头官帽椅零部件名称如图3-51所示。

（2）圈椅

圈椅是一种圈背连着扶手，从高到低一顺而下的椅子，坐靠时可使人的臂膀都倚着圈形的扶手，特点是坐感舒适。明代圈椅造型古朴典雅、线条简洁流畅，是中国传统家具的经典制作之一。圈椅零部件名称如图3-52所示。

（3）方桌

方桌有大中小之别，俗称“八仙”“六仙”和“四仙”。图3-53为“一腿三牙罗锅枨”式方桌，是明代家具中最为标准的一种方桌形式，因每一条腿与三块牙子相交、下又有罗锅枨而得名。

图3-51　四出头官帽椅零部件名称

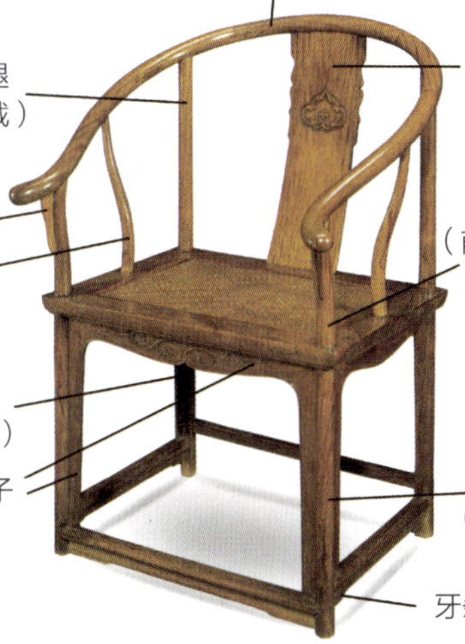

图3-52　圈椅零部件名称

图3-53　方桌零部件名称

任务实施

任务内容：标注家具构件名称。

实施要求：1．选择一件家具，标注其各零部件名称。
2．使用二维编辑软件完成零部件名称的注写工作。
3．保存为jpg格式的图片并提交。

项目拓展　中国智造——榫卯

任务引入

在2022年第46届世界技能大赛中，我国选手获得了精细木工赛项和家具制作赛项两枚金牌，实现了该赛项中国金牌零的突破。十几个小时，用传统的锛、凿、斧、锯和现代化的电动工具完成木质构件与家具，且加工精度极高，这需要选手拥有熟练的技艺和超凡的智慧。这不仅是技艺的比武，更是大国工匠在世界舞台上的最好展示。剖析图纸，可以看到隐藏在内部、起连接作用的多为木质构件，特别是在精细木工赛项中所有的连接都是榫卯。那么榫卯是什么？它对家具的发展有哪些作用？本项目拓展让我们一起来认识中国智造——榫卯。

知识链接

榫卯是在两个木构件上所采用的一种凹凸结合的连接方式，如图3-54所示。凸出部分称为榫（或榫头），凹进部分称为卯（榫眼或榫槽）。榫和卯咬合，起到连接作用。这是中国古代建筑、舟车、农具、家具及其他木质构件的主要结构方式。榫卯依据木材特性、构件功能、造型设计等，科学地顺应木材本性，克服木材弱点，充分体现了我国传统工匠尊重自然、天人合一的理念。

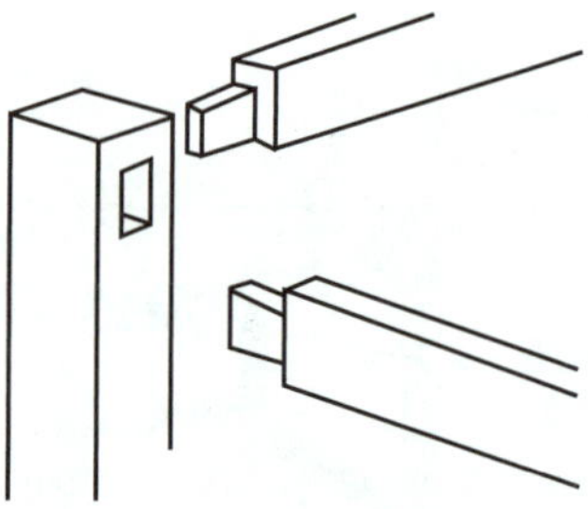

图3-54　榫卯结构

（1）榫卯的起源

榫卯技艺历史悠久，目前发现最早的榫卯来自距今六七千年的河姆渡遗址中的木质构件。这些榫卯结构主要应用在河姆渡干栏式房屋的建造上，有凸型方榫、圆榫、双层凸榫、燕尾榫以及企口榫等。

（2）家具中的榫卯

中国家具中的榫卯结构主要应用于实木家具。大量的榫卯结构隐藏在构件内部，如不对家具进行拆装是无法看清其真实样貌的。叶双陶在其主编的《中华榫卯——古典家具榫卯构造之八十一法》中，对我国传统榫卯结构进行了剖析。图3-55为插肩榫结构。

（3）榫卯的创新

因古代没有电动设备，工匠们手工制造榫卯结构，这不但需要精湛的技艺，也需要大量的时间。因此，一件优质家具的制造周期是漫长的。当今，家具产业规模化、自动化的生产，提高了工作效率，降低了人工成本，现代榫卯结构的加工也从手工逐步转向以机器加工为主。

另外，在传统家具中，榫卯作为隐藏结构，多数情况下是不外露的。在现代家具设计中，设计师们将榫卯显露出来，用新的设计手法突出其结构美学，从而使榫卯结构的功能性与艺术性合二为一，充分体现榫卯魅力，如图3-56所示。

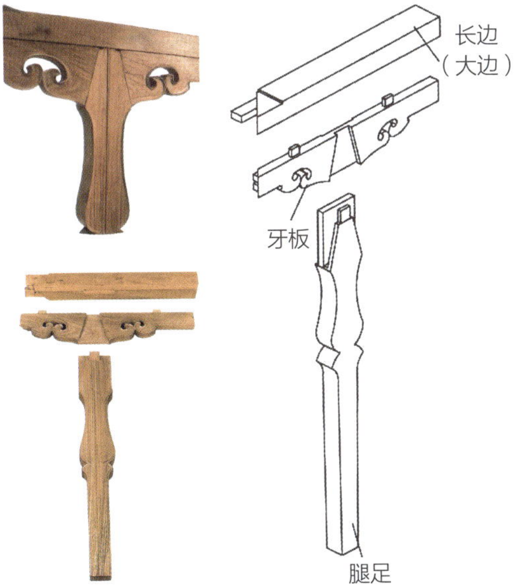

图3-55　插肩榫结构

图3-56　外露榫卯创新设计

结语

“技能强国，创新有我”是我国首届大国工匠创新交流大会的主题。技术工人队伍是支撑中国制造、中国创造的重要力量。在工业4.0的时代里，很多工作被机器所替代，但工匠精神是永存的。古人用智慧和手动工具将榫卯技艺一代代传承，现代的工匠们在传统匠人的创造和精神中继续将其发扬光大。榫卯是一个连接结构，不但将两个木质构件结合在一起，也将中国智造精神与时代发展连接在一起。

谈一谈

通过项目拓展内容的学习，谈一谈你对榫卯的认识。

项目4　家具功能尺寸

项目描述

优秀的家具设计在具备造型美的同时也要兼顾良好的功能性，在一定程度上，家具的功能还要重于造型。功能和人体本身及人的活动密不可分，家具是服务于人的，那么家具设计必须从人的使用功能这一角度去思考。一味地追求外在美，设计的家具将只是一件摆设，不适用也不可用。本项目将从坐卧类、桌台类和储藏类家具的功能尺寸入手，梳理常见家具在功能设计方面的基本要求。

项目目标

1. 通过对座位的功能尺寸分析，掌握座位的高度、深度、宽度、重量分布、座面倾角、扶手、靠背等功能设计要点与参数。

2. 通过对床的功能尺寸分析，掌握床的高度、宽度、长度、床屏和床面材料的设计要点与参数。

3. 掌握工作面高度、宽度和深度相关功能设计要点和参数。

4. 通过对衣柜功能尺寸的分析，掌握衣柜的高度、深度、挂衣棍位置、底部空间设计和抽屉等设计要点和参数。

5. 掌握橱柜地柜与吊柜的设计要点和参数。

6. 掌握书柜和文件柜的功能尺寸。

7. 了解圈椅和中国椅的功能尺寸及其与功能的关系。

项目计划

项目任务	主要知识点	学时
任务4.1 坐卧类家具功能尺寸	座高、座深、座宽、重量分布、座面倾角、扶手、靠背、床屏等	2
任务4.2 桌台类家具功能尺寸	工作面高度、作业姿势、工作面宽度与深度等	1
任务4.3 储藏类家具功能尺寸	衣柜高度、衣柜深度、挂衣棍位置、底部空间、抽屉、橱柜功能尺寸、书柜功能尺寸、文件柜功能尺寸等	1
项目拓展 对比古今家具，观生活变化	明代圈椅、中国椅、比较分析	1

任务4.1　坐卧类家具功能尺寸

任务引入

人们在休息时常常会选择坐具或者卧具，坐和躺都是很好的休息方式。所有家具的功能尺寸都不是设计者随意确定的，都需要按照一定的规范设计，而这些规范中的数据就来自对使用者们的数据分析。本任务是学习坐卧类家具功能尺寸，通过对不同坐卧类家具功能尺寸的整理分析，了解坐卧类家具功能设计要点。

知识链接

坐卧类家具主要包括椅、凳、沙发、床等，是与人的身体直接接触的家具类别。在进行功能尺寸设计时，要充分考虑使用者在使用过程中的人体姿态、活动方式等对家具功能设计的影响，减少和消除由家具产生的疲劳感。

4.1.1　坐具的功能尺寸

坐具包括椅、凳、沙发，对其进行功能尺寸研究需要从座面高度、座面深度、座面宽度、重量分布、座面倾角、扶手、靠背等展开。

（1）座高

通常以座前沿至地面的垂直距离作为座位的座高，即座面前缘高度。舒服的坐姿应使大腿近似呈水平的状态，两腿被地面所支撑，如图4-1所示。如果座面过高，脚悬空够不到地面，体压一部分将分散到大腿上，使大腿受到压迫，产生疲劳感；座面过低，膝盖拱起，体压集中在坐骨上，也会产生疼痛感。另外，座面过低会造成起身不便。

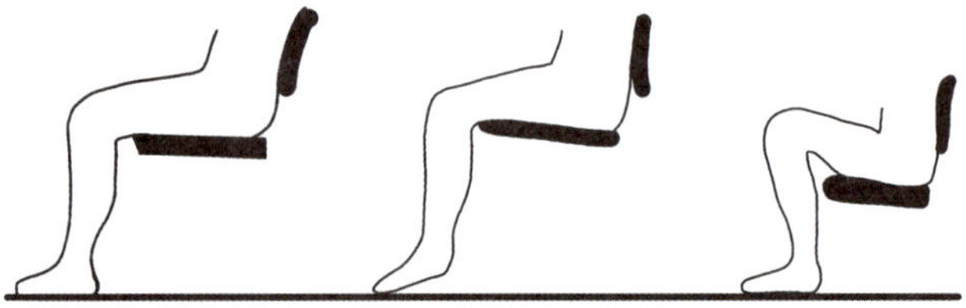

（a）座面高度适中　（b）座面高度过高　（c）座面高度过低

图4-1　座面高度

决定座位高度的因素主要包括以下几项。

①小腿加足高：适中的座高应等于小腿加足高和25～35mm的鞋跟厚，再减去10～20mm的活动余地，即椅子座高=小腿加足高+鞋跟厚-适当空间。

小腿加足高一般选取适合所有第5百分位以上的人。

国家标准《家具　桌、椅、凳类主要尺寸》（GB/T 3326—2016）规定座椅高为400～440mm。工作用椅的座面高度比休闲椅稍高，且可进行高度调节，以满足不同身材人员的使用，高度宜为360～480mm。

沙发的座高要低于椅子的座高，我国轻工行业标准《软体家具　沙发》（QB/T 1952.1—2023）规定沙发的座前高度一般为340～440mm，如表4-1和图4-2所示。

表4-1　沙发主要功能尺寸　　单位：mm

座前高H_1	座深T	座宽B	背高H_2
340～440	480～600	单人沙发≥480；双人沙发≥960；双人以上沙发≥1440	≥600

②根据工作面高度决定座位的座高：国家标准《家具　桌、椅、凳类主要尺寸》（GB/T 3326—2016）规定了桌椅类配套使用标准尺寸，桌面与座椅座面高度差控制在250～329mm。如桌椅高差过小会造成脊背压力，限制腿部活动；高差过大，会造成颈部压力，如图4-3所示。

③通过座位的座高划分座椅种类：座位的不同座面高度应用于不同的场合，如图4-4所示。一般情况下，座位座面的面积与座面高度成反比，即座面高，座面面积小，反之亦然。

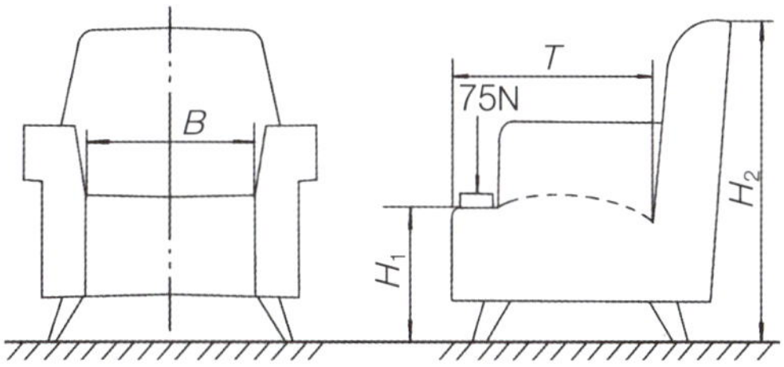

图4-2　沙发主要功能尺寸示意图

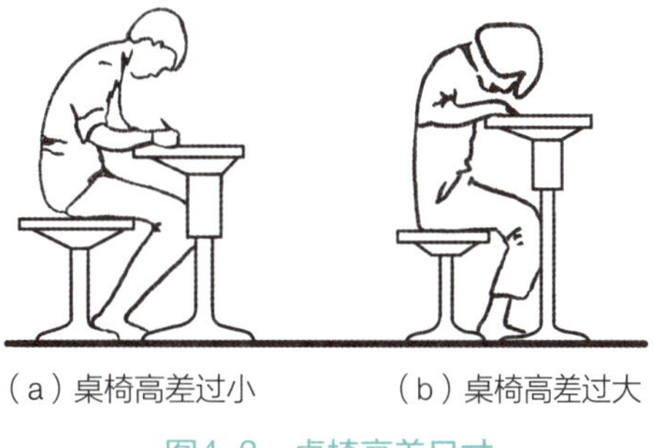

图4-3　桌椅高差尺寸

（2）座深和座宽

座位座面的深度和宽度取决于座椅的类型。

①座深：座面深度是指座位的座面前沿至后沿的距离。座面过深，使用者不便使用靠背，久坐容易造成腰背部酸痛；座面过浅，大腿前部悬空，易使小腿很快疲劳，如图4-5所示。因此，座面深度应略小于坐姿时大腿水平长度，并且以第5百分位数值进行设计，即座面深度=坐深-60mm（间隙）。

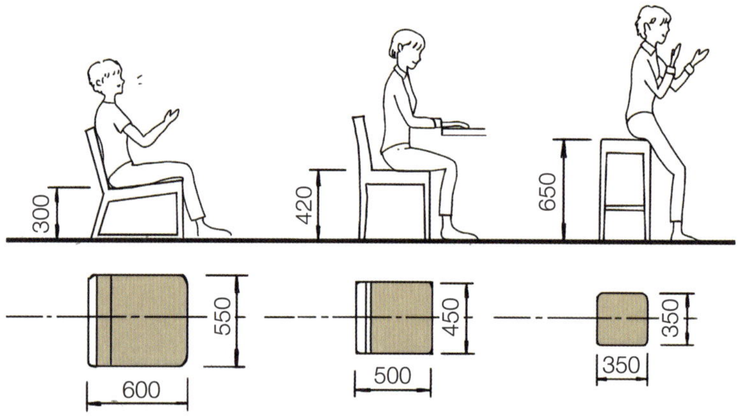

（a）休闲躺椅　（b）工作、用餐座椅　（c）讲课座椅

图4-4　不同种类的椅子（单位：mm）

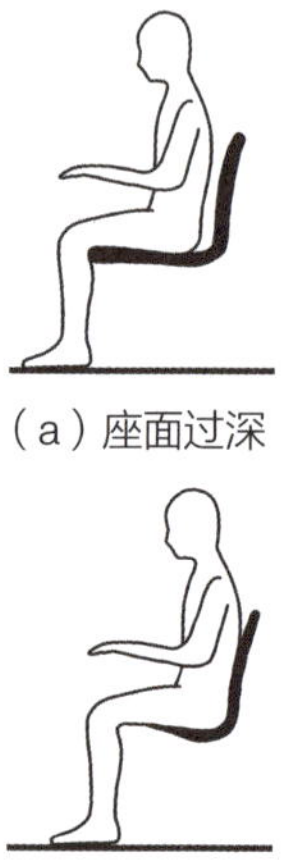

（a）座面过深

（b）座面过浅

图4-5　座面深度

座面深度的数值并不是绝对的，要取决于座椅的类型，在国家标准《家具　桌、椅、凳类主要尺寸》（GB/T 3326—2016）中，规定了扶手椅、靠背椅和折椅的座深，如表4-2和图4-6所示；同时，规定了长方凳、方凳和圆凳的座深，如表4-3和图4-7所示。

表4-2　扶手椅、靠背椅、折椅尺寸

种类	座深 T_1/mm	座宽 B_2 或 B_3/mm	扶手高 H_2/mm	背长 L_2/mm	尺寸级差 ΔS/mm	靠背倾角 β/（°）	座面倾角 α/（°）
扶手椅	400～480	≥480（扶手内宽 B_2）	200～250	≥350	10	95～100	1～4
靠背椅	340～460	≥400（座宽 B_3）	—	≥350	10	95～100	1～4
折椅	340～420	340～440（座宽 B_3）	—	≥350	10	100～110	3～5

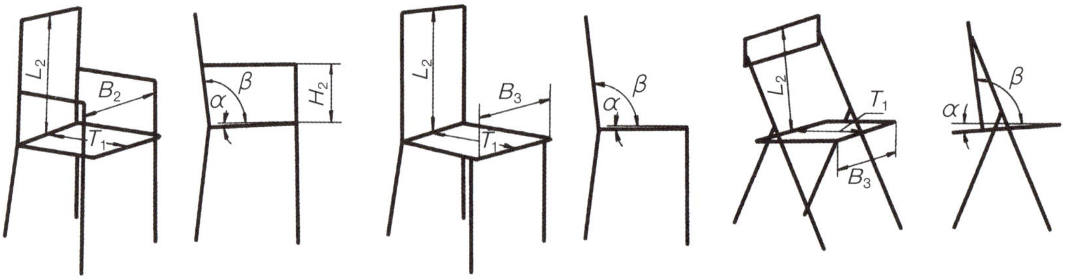

（a）扶手椅　（b）靠背椅　（c）折椅

图4-6　扶手椅、靠背椅和折椅尺寸示意图

表4-3　长方凳、方凳和圆凳尺寸　　单位：mm

种类	座深T_1	凳面宽B_1（或直径D_1）	尺寸级差ΔS
长方凳	≥240	≥320	10
方凳	—	≥300	10
圆凳	—	≥300	10

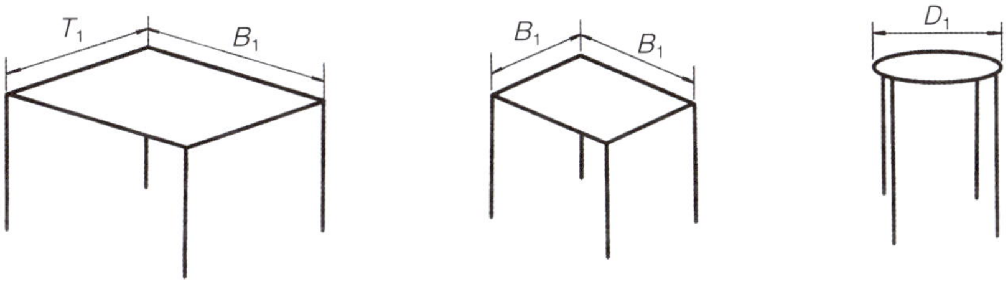

（a）长方凳　（b）方凳　（c）圆凳

图4-7　长方凳、方凳和圆凳尺寸示意图

沙发及其他休闲椅从舒适性的角度将座深加大，一般座深在480～600mm。

②座宽：座宽指座位座面的横向宽度。一般情况下凳类家具和不带扶手的座椅座宽相对较窄；扶手椅、沙发等座宽因需要考虑人体臀部的宽度、衣服的厚度和一定空间活动余量，所以相对较宽。扶手椅座宽计算方法见公式（4-1）。

$$B=L_1+L_2+L_3 \quad (4-1)$$

式中　B——座面宽度（扶手间距）；

L_1——人体臀部宽度；

L_2——衣物厚度；

L_3——活动余量，一般为60mm。

根据人体情况的差异性，座宽通常以女性臀部宽度尺寸的第95百分位进行设计。《家具　桌、椅、凳类主要尺寸》（GB/T 3326—2016）中规定扶手椅、靠背椅、折椅、长方凳、方凳和圆凳的座宽，见表4-2和表4-3；《软体家具　沙发》（QB/T 1952.1—2023）中规定了单人沙发座宽，见表4-1。

（3）重量分布

图4-8所示为座椅上的压力分布，每一根线代表相等的压力分布，从坐骨结节下的最大值90g/cm^{2}至最外边的0g/cm^2。由此可见，当一个人坐在椅子上时，他身体的重量并非全部在整个臀部上，而是在两块坐骨的小范围内。

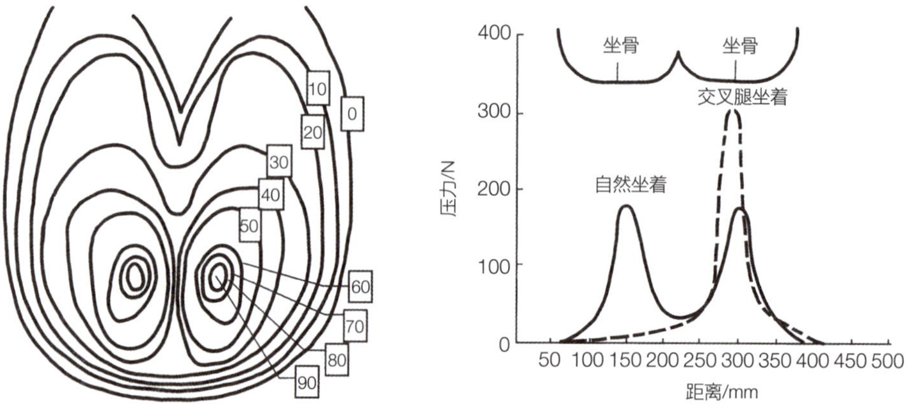

图4-8　座椅上的压力分布

为了缓解久坐造成的不适，可以在座位的座面上加设坐垫。坐垫可以增加接触面，从而减小压力分布的不均匀性。一般坐垫的高度为25mm，沙发座面的下沉量以70mm为宜，中大型沙发座面下沉量可达80～120mm。太软太高的坐垫将会造成身体不平稳。

（4）座面倾角

座面倾角是指座位座面与水平面的夹角。通常座位座面需向后倾斜，一是防止臀部滑落，二是减轻坐骨结节点的压力。座面后倾角越大，靠背分担座面的压力比例就越高。表4-4中列举了餐椅、工作椅、休息用椅和躺椅常用的倾角值。

表4-4　椅凳类家具常用的倾角值

椅凳类家具种类	座面倾角/（°）
餐椅	0
工作椅	0～5
休息用椅	5～23
躺椅	≥24

（5）扶手

使用者将手臂搭放在扶手上，可减轻两臂负担，有助于上肢肌肉的休息。另外，扶手起支撑作用，可帮助使用者入座和起身，对行动不便的人十分重要。

扶手高度的设计直接关系到其舒适性。扶手过低，两肘不能直接落靠；扶手过高，肘部被架起。过高或过低的扶手设计均会导致上肢肌肉得不到休息。因此，座椅扶手的高度依据第50百分位的坐姿肘高来确定，一般扶手与座面的距离以200～250mm为宜，并且随着座面倾角与靠背斜度而倾斜。

（6）靠背

靠背可以缓解臀部压力，减轻腰部、背部和颈部肌肉的紧张程度。

①靠背倾角：靠背倾角指靠背与座位之间的夹角。倾角越大，休息程度就越高，当倾角为180°时，座椅就变成了一张床。并非靠背倾角越大越好，要根据实际用途而定，常见椅凳类家具的靠背倾角如表4-5所示。

②腰靠和肩靠：很多座椅靠背从侧面看是有一定曲线造型的，这些凹凸部分可以疏解人们腰、背、颈部的疲劳感。靠背的压力分布在肩胛骨和腰椎，支撑这两个部分的位置被称为靠背的两个支撑，如图4-9所示。两个支撑实际上是两个支撑位和三个支撑点。其中，上部支撑点为肩胛骨部位提供凭靠，称为肩靠；下部支撑点为腰曲部分提供凭靠，称为腰靠。另外，还要注意靠背倾角与支撑点高度的关系，表4-6和图4-10列举和展示了背部支撑位置与角度相关对应值。

表4-5　常见椅凳类家具的靠背倾角

椅凳类家具种类	靠背倾角/（°）
餐椅	90
工作椅	95～115
休息用椅	110～130
躺椅	115～135

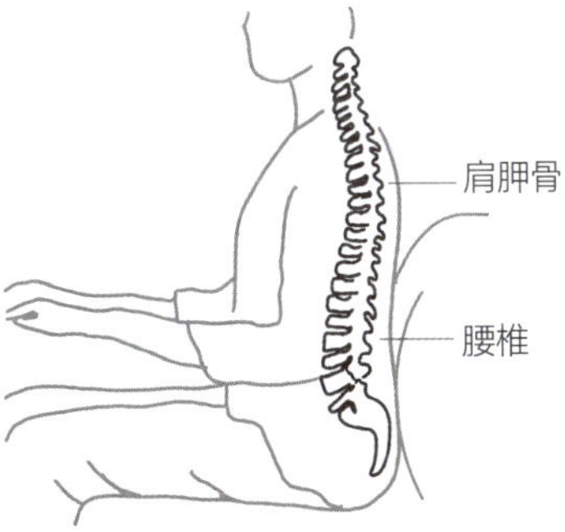

图4-9　椅子靠背的两个支撑

表4-6　背部支撑位置与角度

支撑点		条件				
		上体角度/（°）	上部		下部	
			支撑点高/mm	支撑面角度/（°）	支撑点高/mm	支撑面角度/（°）
一个支撑	*A*	90	250	90	—	—
	B	100	310	98	—	—
	C	105	310	104	—	—
	D	110	310	105	—	—
两个支撑	*E*	100	400	95	190	100
	F	100	400	98	250	94
	G	100	310	105	190	94
	H	100	400	110	250	104
	I	100	400	104	190	105
	J	100	500	94	250	129

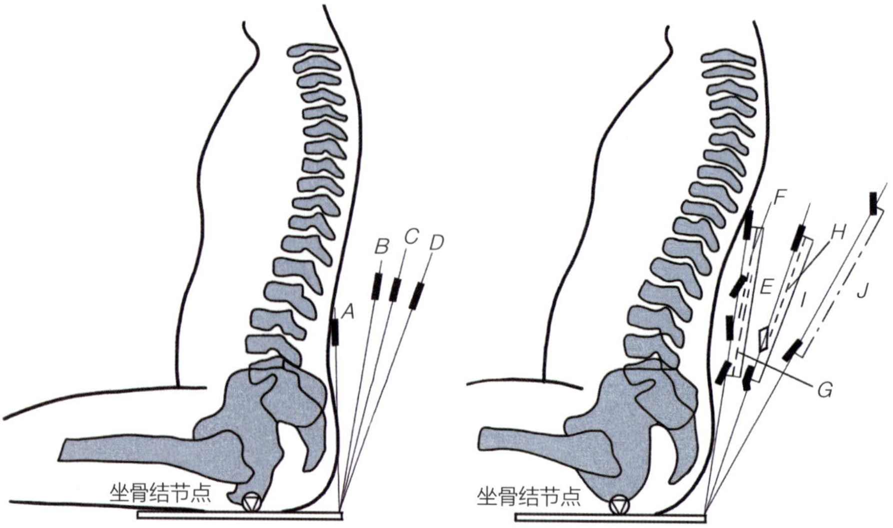

（a）一个支撑　　（b）两个支撑

图4-10　良好的背部支撑位置

支撑点数量的选择需要结合座椅功能和外观造型要求来确定，对于有特殊要求的座椅，除了上述腰靠和肩靠外还需要对颈部和头部进行支撑和保护，如图4-11所示。

③靠背的尺寸：工作座椅靠背宽度以325～375mm为宜。

在《家具　桌、椅、凳类主要尺寸》(GB/T 3326—2016）中规定了椅子背长的尺寸，见表4-2。一般靠背椅设置的肩靠应低于肩胛骨下沿，约为460mm，靠背过长易迫使脊椎前屈。

④侧面轮廓：座椅的侧面轮廓设计既要考虑造型又要兼顾功能。不同功能的用椅，侧面轮廓是不同的，如图4-12所示。一把符合人体工程学的座椅，在设计过程中必须进行试验，以确定座椅的侧面轮廓是否符合人体要求。椎间盘内压力和肌肉疲劳是引起不适感觉的主要原因，因此，座椅的侧面轮廓若能降低椎间盘内的压力和肌肉负荷，并使之降到尽可能小的程度，就将产生舒服的感觉。

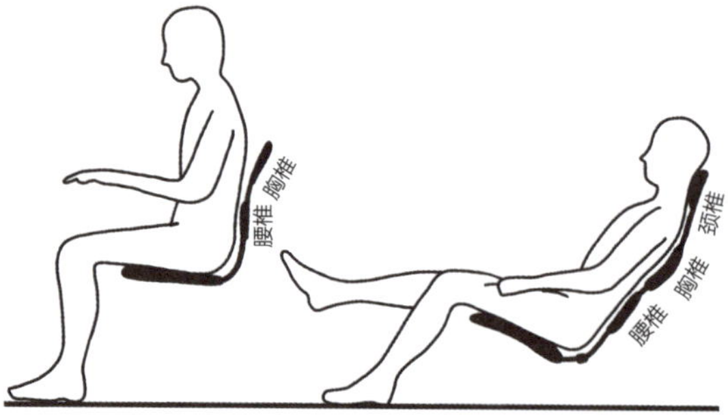

图4-11　靠背支撑形式

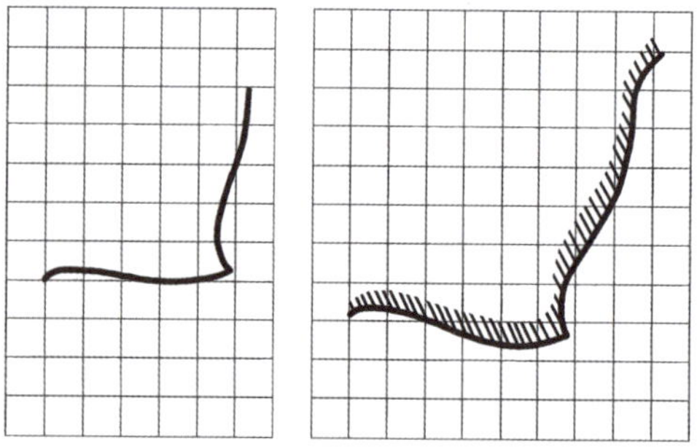

（a）工作用椅　　（b）休息用椅

图4-12　座椅的侧面轮廓（每格100mm×100mm）

4.1.2　卧具的功能尺寸

卧具在本任务中主要指床。对床的功能尺寸从床的长度、宽度、高度三个维度展开，并对床屏和床面材料进行说明。

（1）床的长度

床的长度要考虑使用者的身高、肢体伸展活动、头顶和脚下预留的空间等因素。因此床的长度尺寸要比人的身高长一些，如图4-13所示。床长的计算方法见公式（4-2）。

$$L=1.05h+a+b \qquad (4-2)$$

式中　L——床长；

a——头部余量，常取100mm；

b——脚下余量，常取50mm；

h——平均身高。

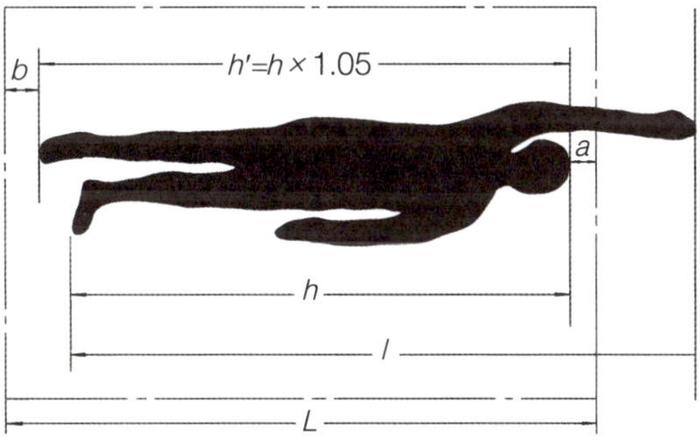

图4-13　床的尺寸

《家具　床类主要尺寸》（GB/T 3328—2016）中规定床面长度为1900～2200mm。从舒适度上考虑，床的长度宜为2000mm或2200mm。宾馆用床，一般脚部不设床架，需放置脚凳，以满足身高较高者的使用。

（2）床的宽度

床宽度设计实际要比人体轮廓大很多，原因有二：第一，需要预留使用者睡眠活动空间；第二，一般情况下床越宽，人的睡眠深度将越深。针对床的宽度与睡眠的关系的相关研究表明，470mm的宽度虽然大于人体的宽度尺寸，但睡眠深度并不理想；700mm宽的床显然要比470mm宽的床使人的睡眠质量更高。

床的合理宽度应为人体仰卧时肩宽的2.5～3倍。床宽计算方法见公式（4-3）。

$$B=(2.5\sim3)W \qquad (4-3)$$

式中　B——床宽；

W——成年男子平均最大肩宽（我国成年男子的平均最大肩宽为431mm）。

《家具　床类主要尺寸》（GB/T 3328—2016）中规定：单人床宽度为700，800，900，1000，1100，1200mm；双人床宽度为1350，1500，1800，2000mm。

图4-14为常用床的长宽尺寸。

（a）单人床　（b）小双人床　（c）双人床　（d）标准双人床　（e）套房准双人床

图4-14　常用床的长宽尺寸（单位：mm）

（3）床的高度

床高指床面距地面的垂直高度。床铺以略高于使用者的膝盖为宜，一般不高于450mm。床的高度并不是完全绝对的，医院的床较家庭用床要高一些，便于病人上下床；宾馆的床也会略高，便于清洁人员打扫。

对于宿舍中的双层床，层间净高必须保证下铺使用者在就寝和起床时有足够的活动空间。但下铺空间也不宜过高，否则上铺使用空间将不足。《家具　床类主要尺寸》（GB/T 3328—2016）中规定了双层床的主要尺寸，如表4-7和图4-15所示。

表4-7　双层床主要尺寸　　单位：mm

床铺面长 L_1	床铺面宽 B_1	底床面高 H_2	层间净高 H_3		安全栏板缺口长度 L_2	安全栏板高度 H_4	
		不放置床垫（褥）	放置床垫（褥）	不放置床垫（褥）		放置床垫（褥）	不放置床垫（褥）
1900～2020	800～1520	≤450	≥1150	≥980	≤600	床褥上表面到安全栏板的顶边距离应不小于200	安全栏板的顶边与床铺面的上表面应不小于300

（4）床屏

床屏是置于床前的屏风。在中式传统家具中，床屏几乎将床整体包围住，让使用者具有安全感、温暖感，如图4-16所示。在现代床的设计中，床屏成为床的视觉中心，多样的风格和华美的造型为卧室空间增添了光彩。除了美观外，床屏也起到了对人体腰部、背部、肩部、颈部、头部等部位的支撑作用，使用者可坐靠在床屏处休息、看书、聊天。

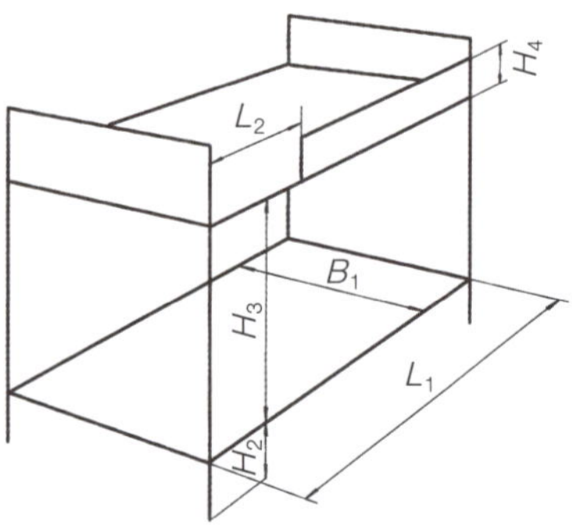

图4-15　双层床主要尺寸示意图

（5）床面材料

图4-16　中式传统床

床的柔软程度取决于床面材料。在设计床面材料时要注意体压分布，体压均匀分布会让使用者感到很舒适。太硬的床，体压不均匀；太软的床，由于重力作用腰部会下沉，造成腰椎曲线变直，背部和腰部肌肉受力，产生不舒适感，进而影响睡眠质量。因此，床面材料应在提供足够柔软性的同时保持整体的刚性。

任务实施

任务内容：椅类家具数据采集。

实施要求：1. 采集身边的椅类家具功能尺寸，收集数据主要包括座椅的座面高度、座面深度、座面宽度、座面倾角、扶手高度和间隔等，并将数据整理成表格。测量部位应绘制简图进行说明。

2. 绘制采集对象的侧面轮廓。
3. 对采集对象进行多方位拍照。
4. 将上述数据、侧面轮廓图及实物照片整理成PPT文件。
5. 准备5min的汇报内容。

任务4.2　桌台类家具功能尺寸

任务引入

在还没有椅凳类家具的席地而坐时期（从商周时期到春秋战国时期），桌台类家具已经成为百姓人家的常见物品。随着家具历史的发展与演变，人们也从席地而坐过渡到垂足而坐，桌台类家具也从低矮向高宽发展，每一次的变化都代表着人们生活方式的改变。本任务将通过不同作业姿势探究桌台类家具功能尺寸。

知识链接

桌台类家具主要包括桌、几、案、台等，其功能尺寸取决于工作面高度、宽度与深度。

4.2.1 工作面高度

工作面高度不等于桌面高度，工作面是指手的活动面，为此在原桌面高度的基础上还需加入工作物件本身高度。例如键盘高度一般为20～50mm，其工作面高度为桌面高+键盘高。可见工作面高度设计需要依据人体基本情况、作业性质、作业姿势等多方因素来确定。

（1）站立作业

站立工作时，工作面的高度决定了人的作业姿势。一般认为，站立作业的最佳工作面高度为肘高以下50～100mm。结合男女身高情况得出：男性的最佳作业面高度为950～1000mm；女性的最佳作业面高度为880～980mm。但是，以上数据并不能最终确定工作面高度，还需要结合作业性质共同判断。

将工作性质分为三类：精密作业、一般作业和重负荷作业。图4-17为以上三种工作面的推荐高度，图中零位线为肘高。

但无论是何种工作性质，在设计时需要按身高较高的人作为参考依据，身高较矮的人可通过加设垫脚台等方式来满足作业高度要求。

图4-17　站姿工作面高度与作业性质的关系

（2）坐姿作业

对于一般的坐姿作业，作业面的高度仍在肘高以下50～100mm比较合适。在座椅高度相等的情况下，桌面过低会造成弯腰或视距过远看不清等情况；桌面过高会将肘部抬高，肩部压力过大。

桌面高度是否合适取决于椅面与桌面的距离和桌下腿的活动空间。前者影响人腰部姿势；后者决定腿是否舒适。国家标准《家具　桌、椅、凳类主要尺寸》（GB/T 3326—2016）中规定，在座高（H_1）为400～440mm的情况下，桌面高度（H）为680～760mm，桌面与椅凳座面配合高差（$H-H_1$）为250～320mm，如表4-8和图4-18所示。

表4-8　桌面高、座高、配合高差　　单位：mm

桌面高H	座高H_1	桌面与椅凳座面配合高差$H-H_1$	中间净空高与椅凳座面配合高差H_3-H_1	中间净空高H_3
680～760	400～440	250～320	≥200	≥580

注：当有特殊要求或合同要求时，各类尺寸由供需双方在合同中明示，不受此限。

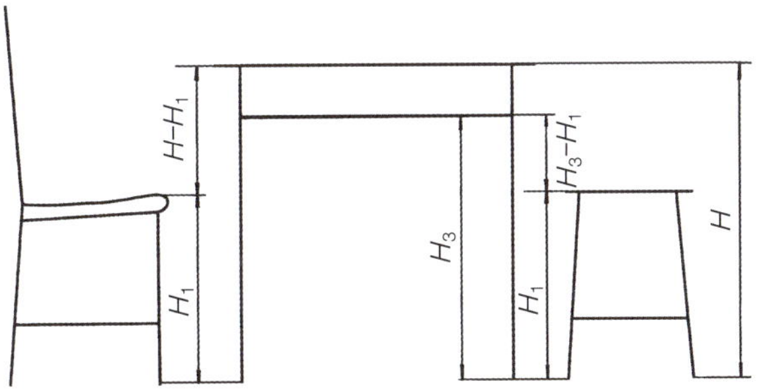

图4-18　椅面与桌面的距离

设计时要保证使用者在使用过程中腿部有足够的活动空间，如果桌面下需要安装抽屉或柜子，则根据椅面与桌面高差情况将储物空间置于桌子两侧，以免占用腿部空间，如图4-19所示。

一般写字台高为740～780mm。餐桌高为700～720mm，吧台高为900～1100mm，炕桌高为300～350mm，如图4-20所示。茶几高度应根据沙发高度而定，为300～450mm。

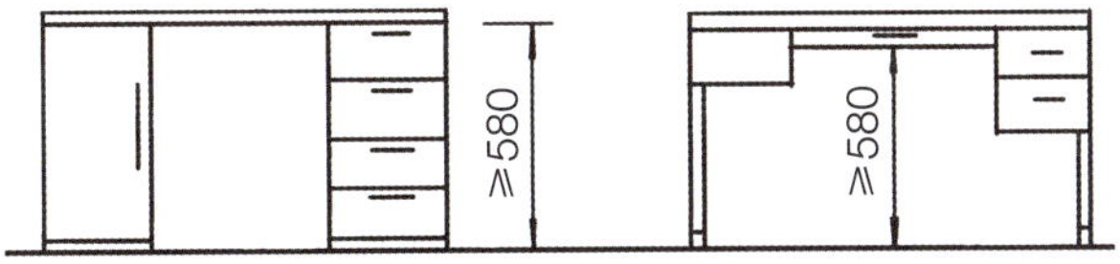

图4-19　腿部空间高度（单位：mm）

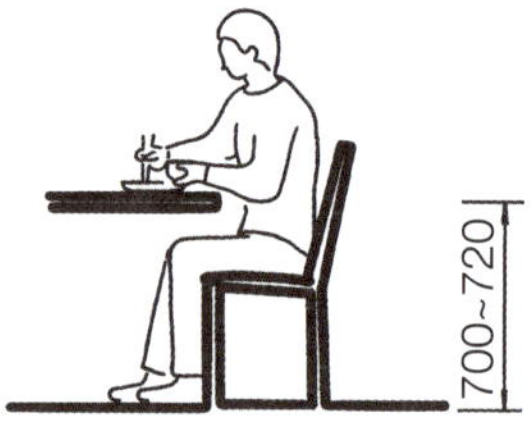

（a）餐桌

（b）吧台

（c）炕桌

图4-20　餐桌、吧台和炕桌高度（单位：mm）

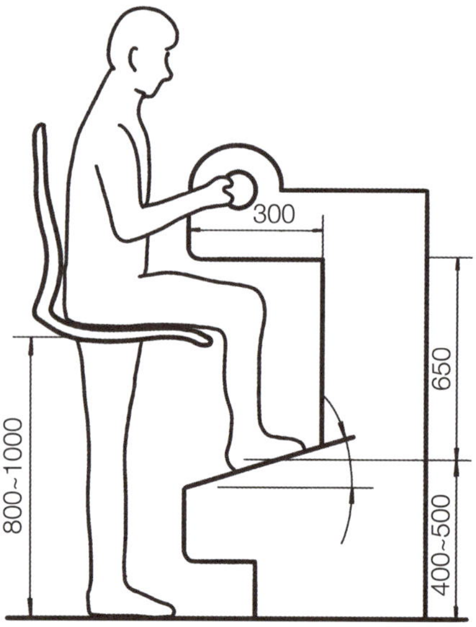

图4-21　坐立交替式作业的机床设计（单位：mm）

（3）坐立交替式作业

坐立交替式作业是工作者在作业区内，既可坐也可站立。图4-21为一个坐立交替式作业的机床设计，有关尺寸如下。

①膝活动空间：300mm×650mm。

②作业面至椅面：300～600mm。

③作业面：1000～1200mm。

④座椅可调范围：800～1000mm。

这种工作方式很符合生理学和矫正学的观点，坐立之间的交替可以解除部分肌肉的负荷，还可以使脊椎的椎间盘获得营养。

（4）斜面作业

在实际的工作中，为使头部、脊柱保持在较为舒适的状态下，工作面可做倾斜处理。常见的斜面工作台有绘图桌、学生课桌等。

桌面角度与人体姿态的关系如图4-22所示。通过调研发现，最舒适、合理的身体弯曲为7°～9°，头的倾角为29°～33°。但是如果工作面位置较低，绘图者必须将身体前屈。因此，为了适应不同的使用者身高和工作要求，绘图桌高度和桌面角度应采用可调节的设计。但是，倾斜桌面也有弊端，那就是放置在桌面上的物品，由于受到了倾角的影响会造成滑落，为此，具有倾斜角度的桌面在末端都会设置防止物品掉落的挡板。

斜面作业用桌的功能尺寸建议如下。

①桌面前缘高度在650～1300mm可调。

②桌面倾斜角度应在0°～75°可调。

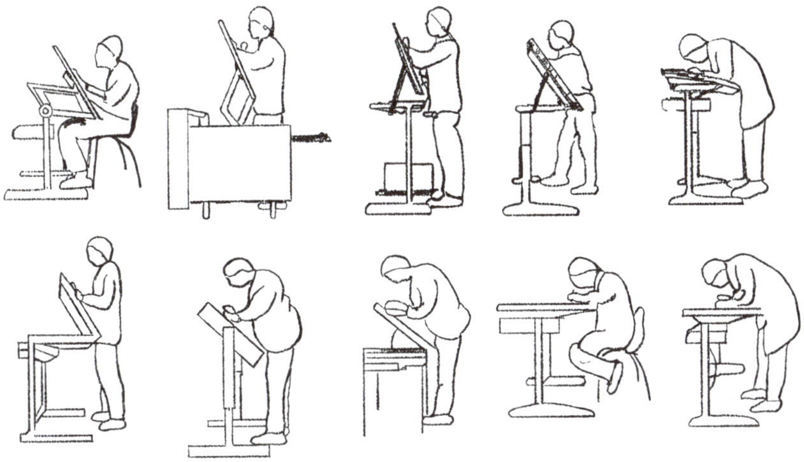

图4-22　桌面角度与人体姿态的关系

4.2.2　工作面宽度与深度

桌面宽度取决于肩宽和人在坐姿状态下上肢的水平活动范围。桌面深度主要以人在坐姿状态下上肢的水平活动范围为依据。

研究表明，通常人在水平面内的作业域为390mm，但这个尺寸在日常工作生活中是不够的。桌面尺寸还要根据功能要求和所放置物品的多少及其尺寸的大小来确定。办公桌面宽度太小，放置物品后将不能舒适展开工作；宽度太大超过了触手可得的范围，需要通过移动椅子来取拿物品，如图4-23所示。桌面深度过大，将会造成桌面空间的浪费。

（a）宽度太小　　（b）宽度太大

图4-23　工作面宽度

餐桌在功能尺寸设计上也十分重要。常见的餐桌形式有圆形、方形和长方形。圆形餐桌可满足多人用餐，并且在中国传统思想里圆代表团团圆圆，人们围坐在一起用餐时，在任何角度都能看到同桌人的脸，但用于多人用餐的圆形餐桌占地面积较大，对空间的要求较高；方形餐桌主要供两人或四人用餐，餐桌不宜太大，适用于较为狭窄的空间；长方形餐桌的空间利用率相对较高，可容纳人数也较多，是家庭中最为常见的餐桌形式，如图4-24所示。

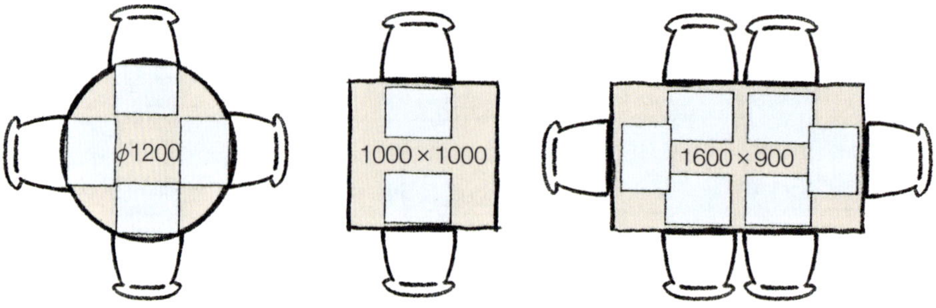

（a）圆形餐桌　（b）方形餐桌　（c）长方形餐桌

图4-24　圆形、方形和长方形餐桌平面（单位：mm）

无论是办公桌还是餐桌，如果需要两个人共同使用同一个工作台面，除了考虑工作面的水平面尺寸外，还需要兼顾桌下空间的安排。在不更改桌面水平面尺寸的情况下，通过桌腿位置和形式的改变来解决桌下空间狭小的问题，如图4-25所示。

图4-25　餐桌腿设计的改变

任务实施

任务内容： 桌台类家具数据采集。

实施要求：
1. 采集身边的桌台类家具功能尺寸，收集数据主要包括工作面高度、宽度与深度，并将数据整理成表格。测量部位应绘制简图进行说明。
2. 对采集对象进行工作作业性质分析，需要说明采集对象的作业形式与内容、放置物品种类、使用者人数限值等。
3. 对采集对象进行多方位拍照。
4. 将上述数据、实物照片、分析文本整理成PPT文件。
5. 准备5min的汇报内容。

任务4.3 储藏类家具功能尺寸

任务引入

室内空间整洁、有秩序离不开储藏类家具所做的贡献。储藏类家具不同于坐卧类和桌台类家具，它在使用过程中并不需要与人体产生太多接触，但在功能尺寸设计上却不能小觑与人体的关系。本任务是学习常见的储藏类家具与人体的关系和让学生掌握相关设计的功能尺寸。

知识链接

储藏类家具主要包括衣柜、橱柜、书架、鞋架、桌边柜等。此类家具需要依据人体操作活动范围，即人站立或坐立时手臂上下左右运动的幅度进行设计。

图4-26将收纳空间划分为五个区间：第一区间为590～1240mm，是站立时容易取物的高度；第三与第五区间处于590mm以下，是需要屈膝或下蹲才能取物的高度；第二和第四区间处于1240mm以上，是需要伸手才能取物的高度，1880mm被认为是一般人托举的最大高度，超过这个高度需要通过板凳、梯子等物品辅助取物。

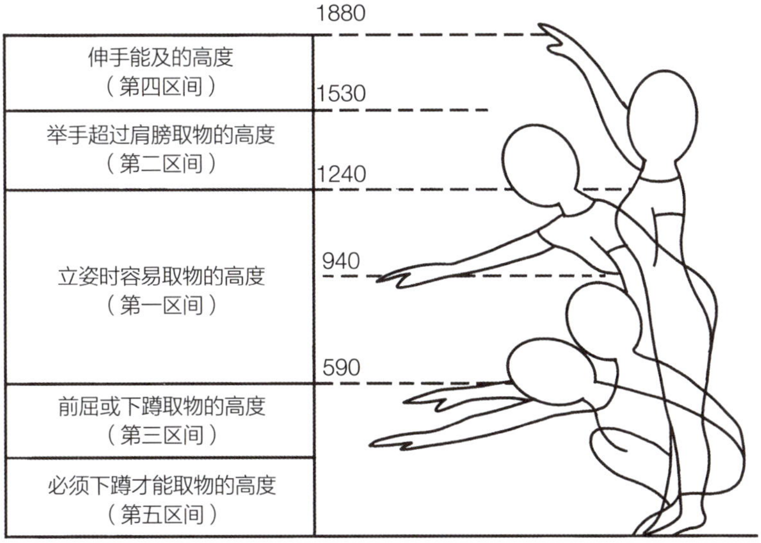

图4-26 收纳空间尺度划分（单位：mm）

4.3.1 衣柜功能尺寸

衣柜顾名思义就是存放衣物的柜子，但在实际的使用中，除了衣物还有其他的生活用品也会放置在内，如旅行箱、被褥等。为了满足人们对衣柜多元化的需求，设计师根据个体情况的不同进行了针对性的研究与设计。

《家具　柜类主要尺寸》(GB/T 3327—2016)对衣柜的外围尺寸和内部部分尺寸进行了限制，如表4-9、图4-27和图4-28所示。

表4-9　衣柜尺寸　　单位：mm

限制内容		尺寸范围
柜内深	悬挂衣物柜内深T_1或宽B_1	≥530
	折叠衣物柜内深T_1	≥450
衣柜棍上沿至顶板内表面距离H_1		≥40
挂衣上沿至底板内表面距离H_2	适于挂长衣服	≥1400
	适于挂短衣服	≥900
镜子上沿离地面高（装饰镜不受高度限制）		≥1700
抽屉	底层抽面下沿离地面高H_3	≥50
	顶层抽面上沿离地面高H_4	≤1250

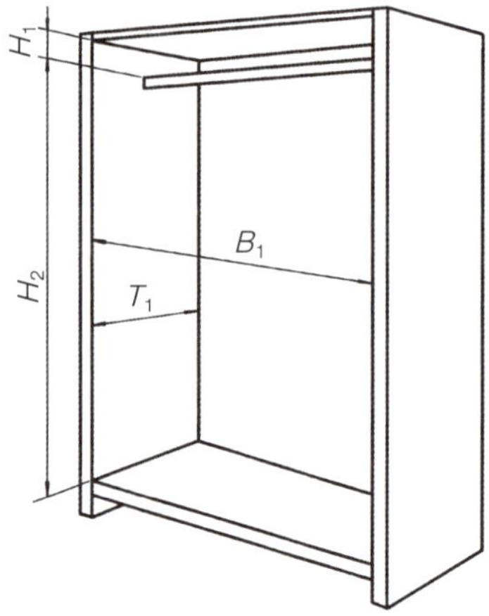

图4-27　柜内空间尺寸示意图

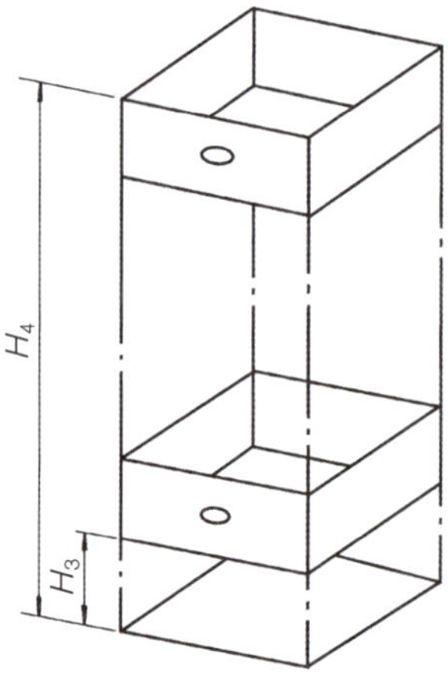

图4-28　抽屉尺寸示意图

(1) 衣柜高度

衣柜高度需要参考衣服的长度进行设计。一般情况下，女士衣服长度上限约为1500mm，男士衣服长度上限约为1350mm，如图4-29所示。衣柜内部空间设计时宜采用女士衣服长

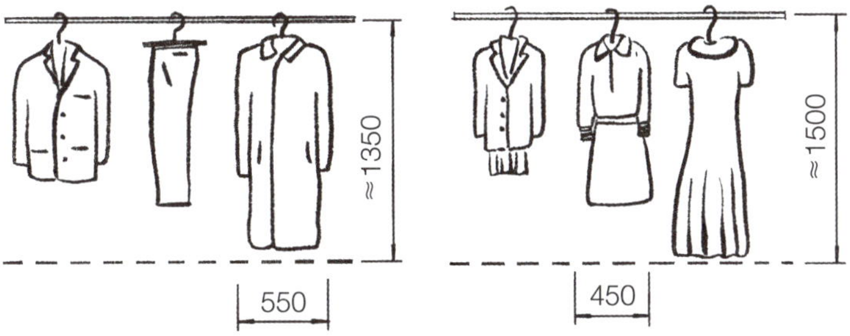

（a）男士衣物尺寸　（b）女士衣物尺寸

图4-29　男士女士衣物尺寸（单位：mm）

度上限，并且还需要加入挂衣棍距顶板距离（≥40mm）、衣架高度尺寸、衣服下沿预留空间等，因此衣柜高度一般为1800～2200mm。

（2）衣柜深度

衣柜深度需要考虑存放物品尺寸、取放物品的伸够距离和人体的肩宽等因素。《家具　柜类主要尺寸》（GB/T 3327—2016）中规定衣柜深度≥530mm，一般取600mm。如果衣柜深度过浅，则只有斜挂才能关上柜门；衣柜深度过深，将不便于取放物品并且占地面积较大，如图4-30所示。

（3）挂衣棍位置

挂衣棍高度需要考虑人站立时上肢方便到达的高度。《家具　柜类主要尺寸》（GB/T 3327—2016）中规定挂衣棍上沿至底板内表面距离，挂长衣时为≥1400mm、挂短衣时为≥900mm。

当挂衣棍超过人站立时上肢到达距离的高度时，可以采用升降挂衣杆辅助完成衣物的挂取，如图4-31所示。对挂衣多于叠放衣服的使用者来说，这种方式可以有效地利用衣柜内部空间。

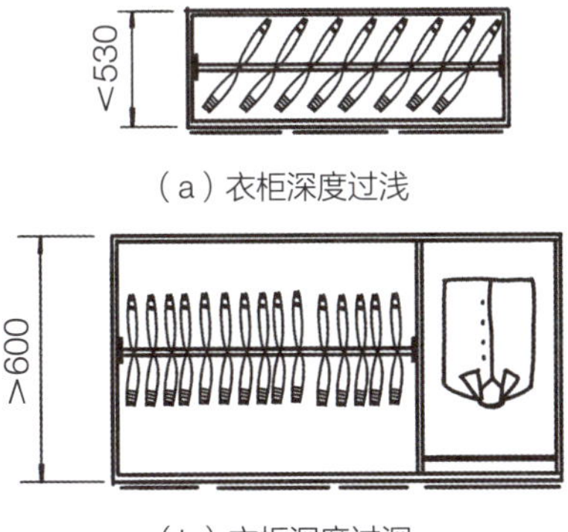

（a）衣柜深度过浅
（b）衣柜深度过深

图 4-30　衣柜深度过浅或过深（单位：mm）

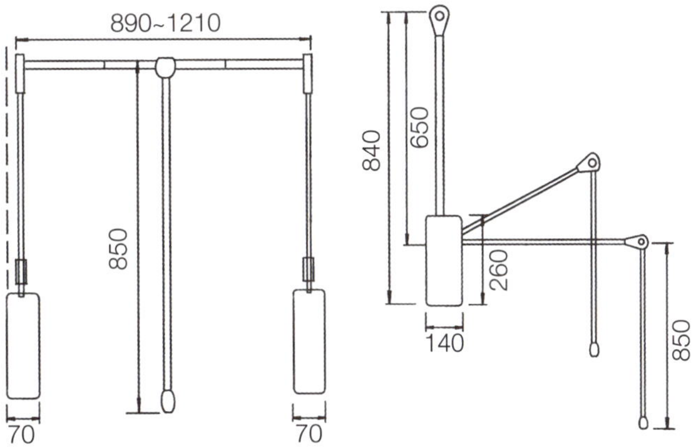

图4-31　升降挂衣杆（单位：mm）

（4）底部空间

衣柜底部空间有两种常见的形式：亮脚和包脚，如图4-32所示。亮脚底部距离地面净高≥100mm，便于清扫；包脚型衣柜与地面之间不设预留空间，因此柜体底面距离地面≥50mm即可。

（5）抽屉

抽屉是便捷、实用的储存部件，是很多衣柜设计的标配。

抽屉的深度一般依据抽屉本身在抽出和推进过程中的要求，以及衣柜深度和整体造型决定。如果抽屉与衣柜面板齐平，那么抽屉深度+抽屉运动中需要预留的空间应尽量与柜体深度一致；如果抽屉置于柜体内部，其深度相对要小一些，如图4-33所示。

抽屉的宽度依据所放置物品的尺寸来决定。一般衣服折叠后的尺寸在300mm×350mm左右，如图4-34所示。另外，抽屉的宽度和高度还要与柜体整体比例相协调。

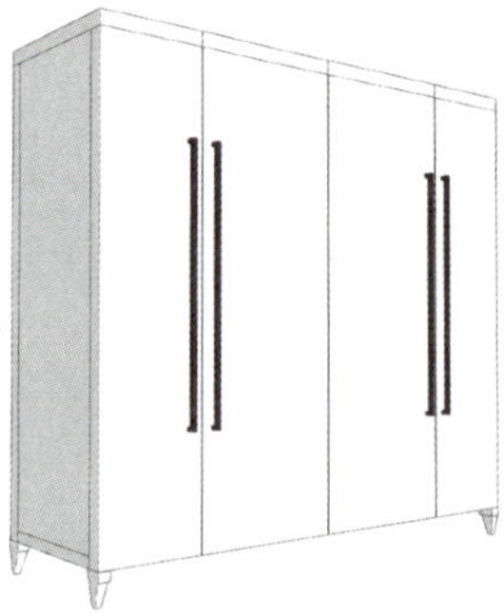

（a）亮脚

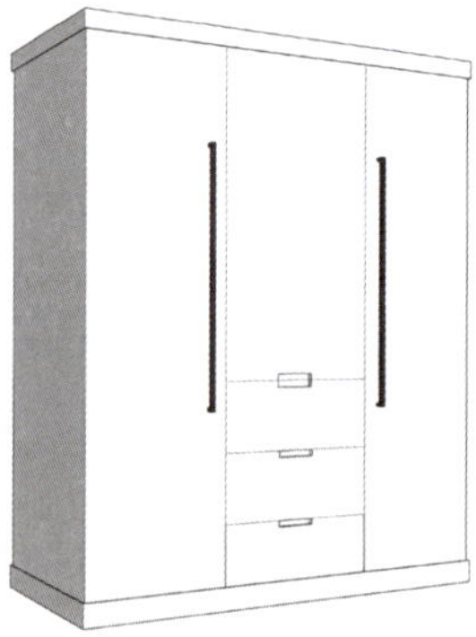

（b）包脚

图4-32　衣柜底部空间形式

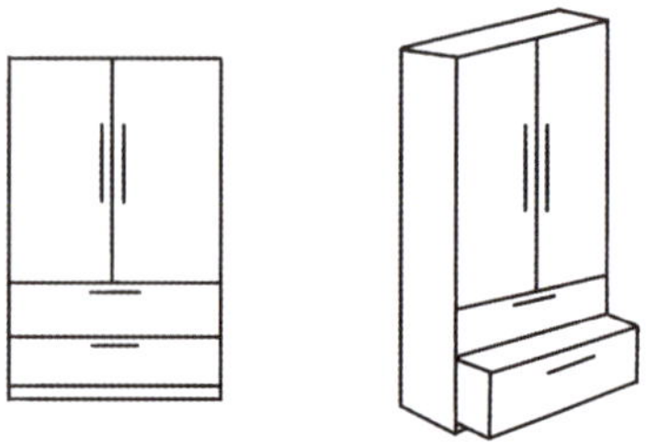

（a）抽屉与衣柜面板齐平

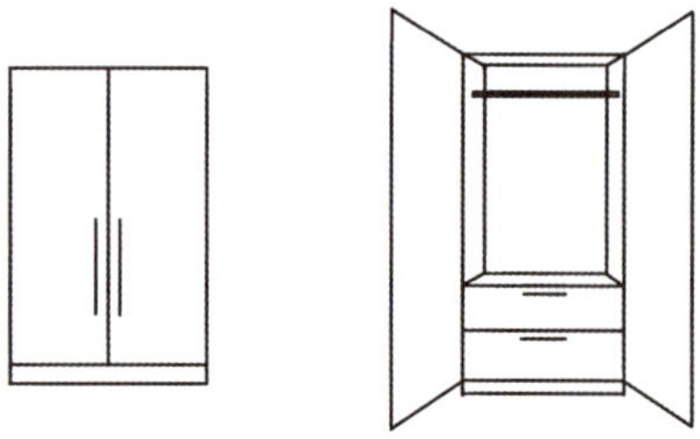

（b）抽屉置于柜体内部

图4-33　抽屉

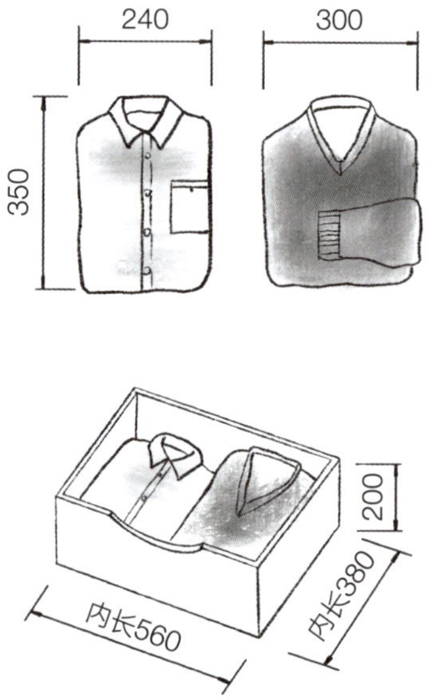

图4-34　衣服尺寸及衣物收纳（单位：mm）

抽屉的高度没有明确要求，但不应太高，否则不宜推拉或取拿物品。《家具　柜类主要尺寸》（GB/T 3327—2016）中规定底层抽面下沿离地面高≥50mm，顶层抽面上沿离地面高≤1250mm。

4.3.2　橱柜功能尺寸

橱柜作为厨房的主要家具，承担着厨具、餐具的收纳功能。橱柜多为定制化设计，因此其功能尺寸需要根据使用者的使用数据确定。

（1）地柜

①操作台高度：地柜操作台高度直接关系到使用者在使用过程中的舒适性。人在切菜时，上臂和前臂应呈一定夹角，这样可以最大程度调动身体力量，双手也可相互配合地工作。一般情况下，操作台高度在800～910mm为宜，此高度可以减小弯腰程度，有效缓解疲劳，适合身高1.55～1.80m的使用者，如图4-35所示。

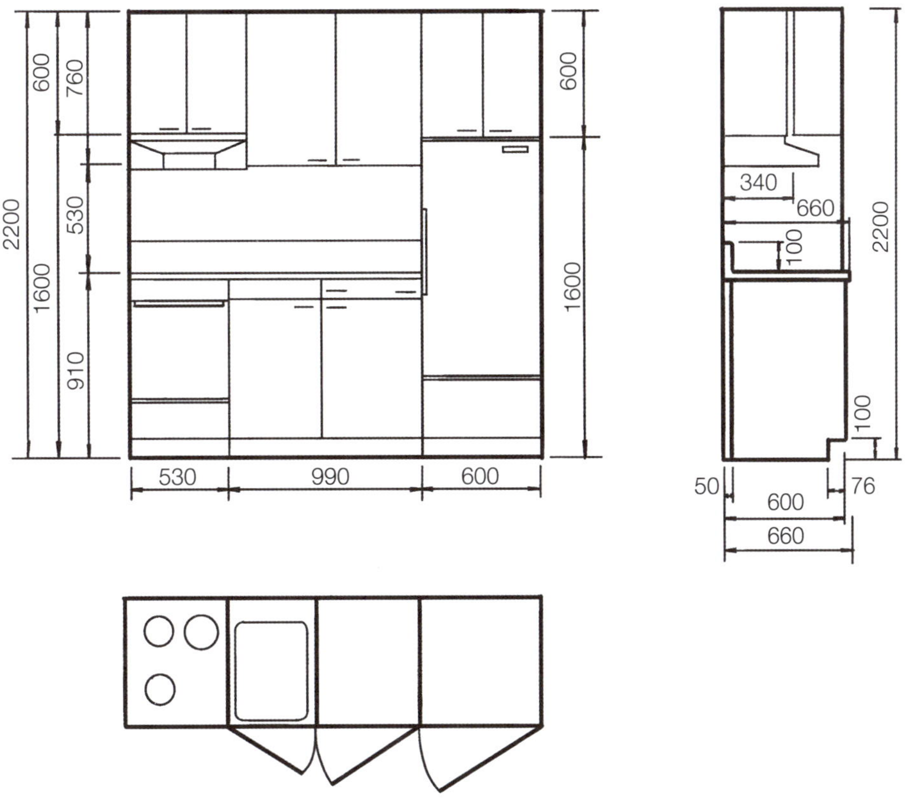

图4-35　橱柜尺寸（单位：mm）

②操作台深度：地柜操作台的深度一般为610～660mm。

③操作台宽度：人在站立操作时，女性所占的宽度为660mm，男性所占的宽度为700mm，但在实际操作时尺寸应相应加大。根据手臂与身体左右夹角呈15°时工作较轻松的原则，厨房主要案台的操作台宽度应至少保证在760mm，如图4-36所示。

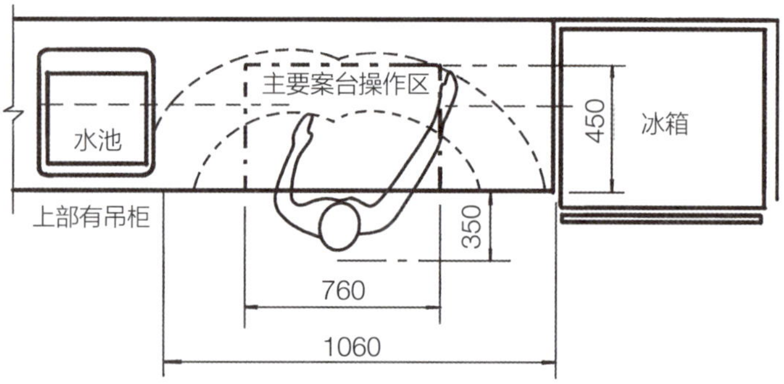

图4-36　操作台宽度（单位：mm）

（2）吊柜

吊柜的高度一般以500～600mm为宜，深度300～450mm为宜，柜子的间隔宽度不应该大于700mm，吊柜与操作台面之间的距离应该在550mm以上。

4.3.3　书柜、文件柜功能尺寸

（1）书柜功能尺寸

书柜以存放书籍为主，也可作为艺术品展柜使用。《家具　柜类主要尺寸》（GB/T 3327—2016）中对书柜的功能尺寸有所规定，如图4-37和表4-10所示。其柜体外形宽度为600～900mm，过宽书柜搁板将受自身及书籍重力造成板体弯曲，如图4-38所示；柜体外形深为300～400mm，过深浪费空间，不便于书籍取放；柜体外形高度为1200～2200mm；层间净高需根据书籍高度确定（图4-39），一般需要≥250mm。

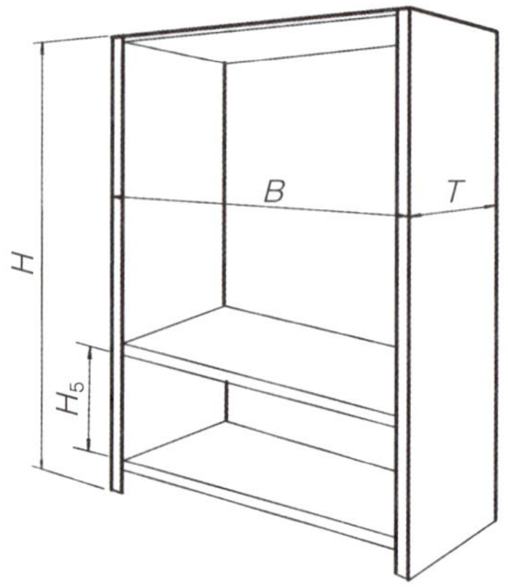

图4-37　书柜、文件柜尺寸示意图

表4-10　书柜尺寸　　单位：mm

柜体外形宽度B	柜体外形深T	柜体外形高度H	层间净高H_5
600～900	300～400	1200～2200	≥250

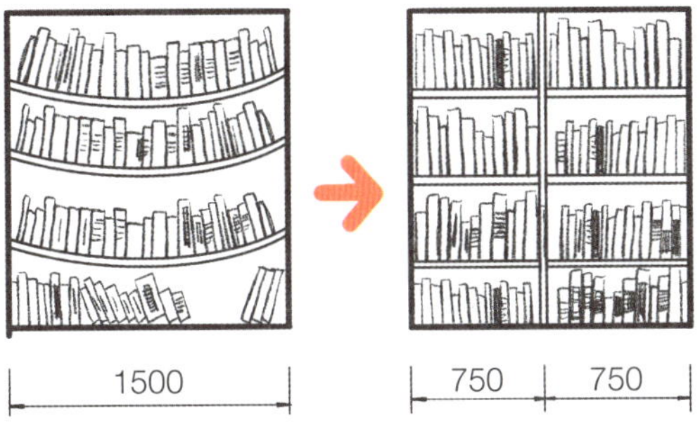

图4-38　过宽书柜板体弯曲（单位：mm）

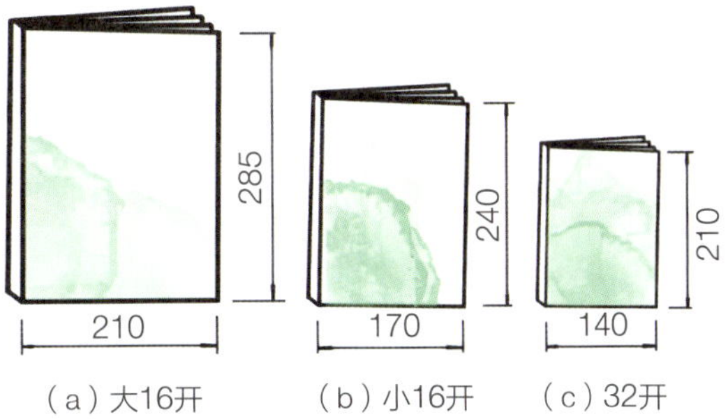

图4-39　书籍常见尺寸（单位：mm）

（2）文件柜功能尺寸

文件柜较书柜略大，主要用于存放各类文件、文件夹、文件盒等。《家具　柜类主要尺寸》（GB/T 3327—2016）中对文件柜的功能尺寸有所规定，如图4-37和表4-11所示。

表4-11　文件柜尺寸　　单位：mm

柜体外形宽度B	柜体外形深T	柜体外形高度H	层间净高H_5
450～1050	400～450	（1）370～400 （2）700～1200 （3）1800～2200	≥330

任务实施

任务内容：储藏类家具立面设计。

实施要求：

1. 拟定两个设计方向：衣柜、橱柜，选择其一进行设计。
2. 设计风格不限，需要拟定使用者、存放物品内容等假定条件。
3. 完成柜内分隔立面设计图，详细标注尺寸，并注明放置物品内容。
4. 完成柜体立面设计，标注外观尺寸、材料等。
5. 提交文件要求：设计草图（手绘内部功能分隔草图、外立面草图）；立面设计图（AutoCAD绘制内部分隔立面图、外观立面图）；设计说明（说明设计对象、设计思路、家具功能划分、功能尺寸设计等内容，不少于150字）。

项目拓展　对比古今家具，观生活变化

任务引入

人类的发展，伴随着家具的发展。家具形式的变化反映了社会文化和人们生活习惯的变化。本次项目拓展将客观地从家具功能尺寸的角度去观察人与家具之间的关系，从而让学生明确家具设计的内涵和意义。

知识链接

对中国明代的圈椅和丹麦设计师汉斯·瓦格纳（Hans Wegner）设计的中国椅进行分析比较。

（1）明代圈椅

圈椅起源于唐代，以明代圈椅（图4-40）最为有名，是中国古典家具的经典代表之一。明代圈椅，造型古朴典雅，线条简洁流畅，制作技艺达到了炉火纯青的境地，“天圆地方”的中国文化理念被生动地融入了家具的设计之中。圈椅扶手和搭脑合为一体，形成圆，圆代表和谐、幸福；座面方正，方代表稳健、宁静。圈椅整体比例协调，造型稳重，少有的雕刻工艺内敛而不失华贵，为明代圈椅赋予了文人雅士的气质。

图4-40　明代圈椅

（2）中国椅

丹麦设计师汉斯·瓦格纳在1944年设计了一把影响世界的椅子——中国椅。中国椅的设计灵感来源于中国的明代圈椅，这款椅子也是他后续设计——The Chair和Y形椅的雏形，如图4-41所示。中国椅在明式家具的形式基础上，线条变得更简练，结构变得更简洁，有着北欧的设计风格气息。

（3）比较分析

明代圈椅与汉斯·瓦格纳的中国椅设计尺寸如表4-12所示。

（a）中国椅　　（b）The Chair　　（c）Y形椅

图4-41　汉斯·瓦格纳设计的椅子

表4-12　明代圈椅与中国椅设计尺寸　　单位：mm

项目	明代圈椅	汉斯·瓦格纳的中国椅
示意图		
座高	500	450
座深	450	570
座宽	550	550
枨子	座椅下方有三根枨子	座椅下方无枨子
脚踏	有	无

这两种椅子均为坐具，但因产生年代和社会环境的不同，其实际功能略有差异。

①座高：座高是椅凳类家具设计中十分重要的数据，它一般需要符合人体小腿长+足高的尺寸，太高脚落不到地面，太矮小腿得不到完全休息。现今座面高度约为450mm。但从数据上看，明代圈椅的座高达到500mm，难道是古人比现代人的身高更高吗？答案是否定的。使用者坐在圈椅上，脚并不需要落地，而是踩在踏板上，这就是圈椅有踏板而现代设计作品中国椅没有踏板的原因。

②座深：明代圈椅的深度尺寸小于中国椅的深度尺寸。座深尺寸与我们使用座椅的习惯有很大关系。如果是一把以休闲为主的椅子，那么现代人更喜欢自由、舒适地入座，不用考虑坐姿。因此，汉斯·瓦格纳的中国椅座深尺寸很大，使用者在使用椅子时可以更放松。而明代圈椅的座深只有450mm，相当于成年人大腿长+臀部的尺寸，坐在上面后背与靠背是

贴合的，这样可以规范坐姿，突显使用者的气势。

③枨子和脚踏：枨子是起支撑作用的结构形式，在明代圈椅设计中，脚踏和枨子形成了赶枨，即前枨做得最低，两侧枨做得较高，后枨最高。这种赶枨俗称“步步高”，寓意步步登高，其目的是在结构中避免因榫眼集中有损坚实，可见古代工匠们的智慧。而在当今，人们在使用座椅时喜欢将脚放置在座面下方，并时常变化位置，如果有脚踏存在会影响其使用的舒适性，因此，很多现代座椅去掉了脚踏、降低了座高，并且为了追求更简洁的造型，将杖子结构移至座面下方，隐蔽起来，让座面下方空间更开阔。

结语

设计是连接精神文明与物质文明的桥梁，人们希望通过设计来改造世界，改善环境，提高生活质量。党的二十大报告指出，“增进民生福祉，提高人民生活品质”。作为家具行业的从业人员，我们能做的是利用自己的专业特长设计和制造出更多舒适、美观、实用的家具作品。通过项目拓展部分的学习，我们了解了明代圈椅和丹麦的中国椅，一件距今已600多年的椅子仍在影响着世界家具的发展。在感叹中国古人智慧的同时，也要清醒地认识到继承与发展的重要关系，家具设计不能止步于此，还应继续向前。

谈一谈

通过古今中外座椅的比较，你能找到设计中的某种关联性吗？谈一谈家具的功能尺寸与人们生活习惯之间的关系。

设计模块

设计模块涵盖了家具造型设计所需要的基础设计元素和设计法则，包括家具形态设计、家具质感与色彩、家具形式美法则、家具细部装饰设计等内容。通过此模块的学习，学生能够在家具设计鉴赏、家具造型分析及设计方面打下基础。

建议学时：22学时

项目5 家具形态设计

项目描述

同样功能的家具在不同设计师的笔下会产生截然不同的形态。形是固有的、物理的、客观的、自然的，态是联想的、心理的、主观的、社会的。只有了解形态概念及其内涵，才能设计出具有创造性的家具作品。

本项目共涉及五个任务，分别从形态设计、点、线、面、体等方面对家具形态进行分析。

项目目标

1. 掌握形态设计分类，并了解其相关特点。
2. 掌握点在家具设计中的应用。
3. 掌握线在家具设计中的应用。
4. 掌握面在家具设计中的应用。
5. 掌握体在家具设计中的应用。
6. 了解经典家具设计中的点、线、面、体。

项目计划

项目任务	主要知识点	学时
任务5.1 形态设计	概念形态、现实形态、积极形态、消极形态	1
任务5.2 家具形态设计——点	点的应用	1
任务5.3 家具形态设计——线	直线、曲线、线的应用	1
任务5.4 家具形态设计——面	平面、曲面	1
任务5.5 家具形态设计——体	实体、虚体	1
项目拓展 点、线、面、体——不简单	Bubble沙发、钱椅、红蓝椅、LC2沙发	1

任务5.1　形态设计

任务引入

形态设计的目的是创造出具有感染力的造型。设计者将设计理念通过各种技术赋予实施并将其物化，让其具备实用功能与审美价值。不同的形态具有不同的意义，分析家具的各种形态有助于家具形态的创造。本任务是了解各类形态及其相应特点。

5.1.1　形态的概念与分类

形态是一切设计造型的基础，包括两方面内容，即形与态。形是从人的视觉角度去看物体外貌；态是从心理角度感受形的态势。

形态是可以把握的，是可以感知的，或者是可以理解的。图5-1所示为色彩立体几何形态，其由若干不规则的几何色块拼合而成，拼合后它们形态各异，色彩斑斓，具有律动的形态动感。这就是将形或形体通过艺术表现转化为形态的一种方式。

形态根据其成因分类如图5-2所示。

图5-1　色彩立体几何形态

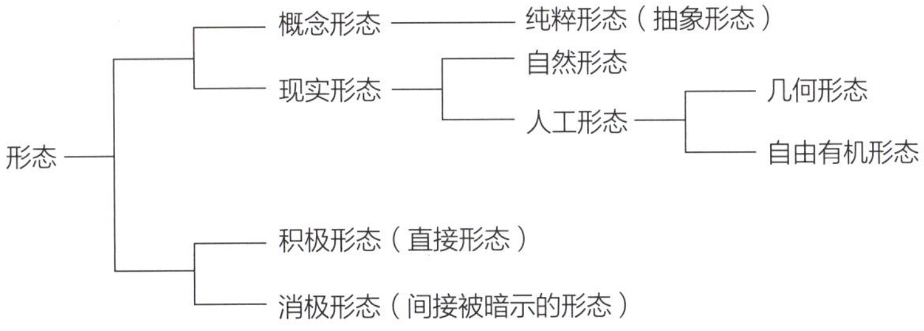

图5-2　形态的分类

5.1.2　概念形态和现实形态

概念形态又称纯粹形态、抽象形态，其以点、线、面、体作为基本形式，如表5-1所示。

表5-1　点、线、面、体基本形态

形态	点	线	面	体
动	只有位置、没有大小	点移动的轨迹	线移动的轨迹	面移动的轨迹
静	线的界限或交叉	面的界限或交叉	立体的界限或交叉	物体占有的空间

现实形态是可以看到或接触到的有实际感觉的形，分为自然形态和人工形态，如图5-3所示。

5.1.3　积极形态和消极形态

积极形态是可以直接触摸到、感觉到的形态，如图5-4所示。

消极形态是看不到、摸不到，只能由积极形态暗示出来的一种形态，如图5-5所示。

（a）自然形态

（b）人工形态

图5-3　现实形态

图5-4　积极形态

图5-5　消极形态

任务实施

任务内容：收集不同形态的家具设计作品。

实施要求：1. 可以从网络、书籍、实体店中采集、收集家具资料，但需要注明资料来源。

2. 将收集到的家具图片按照形态分类进行归类和整理。
3. 按照分类制作PPT文件。
4. 结合收集到的家具设计图片资料阐述对形态的理解。
5. 准备5min的汇报内容。

任务5.2　家具形态设计——点

任务引入

点在大多数人的印象里是微小的、轻薄的、圆圆的，甚至是可以忽略的。实际上，点是我们生活中不可缺少的造型元素，点的形态绝不固定，可以随心所欲、瞬息万变。在家具造型设计中，点可以说无处不在，可做装饰、可为零件，也可有独立功能。本任务通过点在家具设计中的应用情况分析，了解点的作用。

5.2.1　点的概念

点是形态构成中最基本的单位，属于概念形态。在几何学上，点是无面积、无方向、静态的，只有位置存在。越小的点，点的感觉越强；越大的点，则趋向于面，同时点的感觉会削弱。

从点与形的关系上看，圆点最接近人们心目中点的形象。实际上，点的形态并不固定，可以是椭圆点、角点、方点、多边形点、不规则点等。并且，点是具有相对性的。例如，从近处看一栋楼房，它的体量很大，具有体的感受；而在飞机上往下看，楼房显得很小，就成了广阔空间中的点。

5.2.2　点在家具设计中的应用

点在家具设计中的应用包括两个方面：一是作为家具造型中的结构连接件（金属附件）或能够起到画龙点睛作用的装饰点、装饰部件（局部图案装饰、雕刻、镶嵌）等，如图5-6

图5-6 装饰部件作为点的家具设计

所示；二是利用点独立的造型形态塑造家具，以点为主要元素设计的家具具有轻松、律动的美感，为空间增添活力，如图5-7所示。

图5-7 以点为设计元素的家具

任务实施

任务内容： 收集以点为主要设计元素的家具图片。

实施要求：
1. 可以从网络、书籍、实体店中采集、收集家具资料，但需要注明资料来源。
2. 收集家具图片的数量不少于5张。
3. 对每款家具进行简要设计说明。
4. 将以上内容整理成PPT文件，要求图文并茂，加入设计理念分析。
5. 准备5min的汇报内容。

任务5.3　家具形态设计——线

任务引入

提到线，你能想到什么？缝衣服的材料、运动的工具、羽毛球拍上的网状物质……除此之外，线也能做家具。虽然单根线单薄、柔软，但多根线、粗线、坚硬的线，通过各类技术手段，是可以承受重力的。本任务是了解线的类型与情感特征，分析线在家具设计中的应用。

5.3.1　线的概念

线是点移动的轨迹，也是面的界限与交叉。线的运用在家具造型设计中占有重要的地位。当把线断开分离后，但仍保持线的感觉时，可称为线的点化；把点排成一列时，则出现线的感觉，可称为点的线化，如图5-8所示。

线的形态表现特征主要依据线型、粗细、长短、方向、运动状态和位置而定，不同形态的线可以带来多样的造型变化，从而使人们有不同的心理感受。

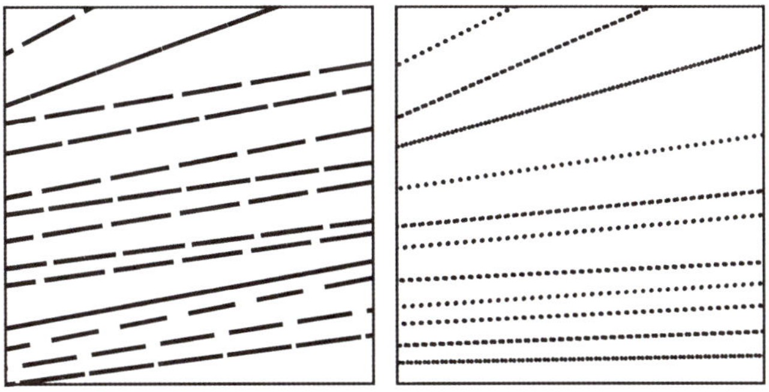

（a）线的点化　　（b）点的线化

图5-8　线的表现形式

5.3.2　线的类型与情感特征

线分为直线与曲线，不同形式的线拥有不同的情感特征，这为多元化创新的设计注入了情感元素，增加了造型变化，提高了辨识度，如表5-2所示。

表5-2　线的情感特征

线的类型		情感特征
直线	水平线	平稳、宁静、快速
	垂直线	上升、坠落、肃穆、庄重
	斜线	飞跃、上升、滑落
	粗实线	有力、强劲、迟钝、厚重
	细线	锐利、轻巧、柔弱
曲线	几何曲线	规范、平衡、韵律感、理智、庄重、大方、饱满、柔软、明快
	自由曲线	自由、轻快、随意、华丽、表现力强
	弧线	充实、饱满、柔软、流畅
	抛物线	速度感、流线型
	双曲线	平衡感、流动感
	螺旋曲线	动感、变化、富有韵律

5.3.3　线在家具设计中的应用

以纯直线为主要元素构成的家具，给人以稳重、刚劲之感，如图5-9所示。纯直线加工较为容易，成为较多采用的元素之一。但需要注意，纯直线构成的家具在转角处易出现尖锐的直角或锐角，存在使用中的磕碰隐患，需考虑倒圆角或加装护角。

图5-9　纯直线构成的家具

以纯曲线为主要元素构成的家具，给人以柔和、流畅、多变的质感，如图5-10所示。

直线与曲线元素并存的家具，同时具备了两种线型的特质，既具有直线稳健、挺拔的感觉，又具有曲线流畅、自由的特点，刚柔相济、形神兼备，如图5-11所示。

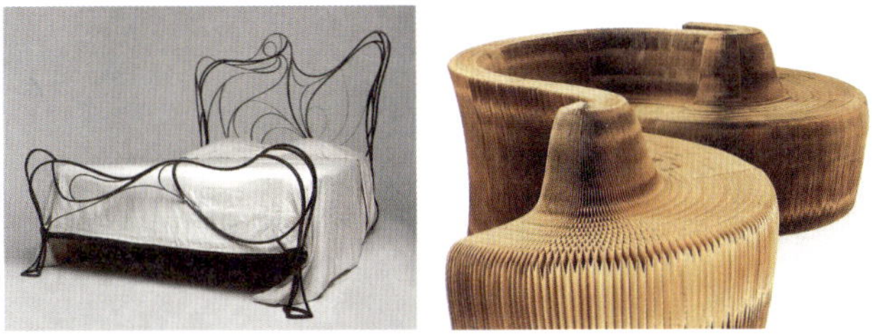

图5-10　纯曲线构成的家具

图5-11　直线与曲线构成的家具

任务实施

任务内容：收集以线为主要设计元素的家具图片。

实施要求：1. 可以从网络、书籍、实体店中采集、收集家具资料，但需要注明资料来源。

2. 收集家具图片的数量不少于5张。
3. 对每款家具进行简要设计说明。
4. 将以上内容整理成PPT文件，要求图文并茂，加入设计理念分析。
5. 准备5min的汇报内容。

任务5.4　家具形态设计——面

任务引入

面是家具造型设计中必不可少的元素，如座面、桌面、柜面、台面、几面等，这些重要的家具部件都有面的存在，可见面在家具中的作用非同一般。本次任务是了解面的概念、类型与情感特征，并通过设计案例分析面在家具设计中的应用。

5.4.1 面的概念

面是线移动的轨迹，也是立体的界限与交叉。在几何学中，面是二维的，有位置、长度、宽度而无厚度；在现实应用中，面具有长度、宽度和厚度，是构成家具造型的重要因素。

点的扩大和线的变宽都会带来面的感觉。点、线排列后可以形成虚面，如三点即可成一个虚面。

5.4.2 面的类型及其在家具设计中的应用

面分为平面和曲面两大类。其中，平面包括垂直面、水平面、斜面；曲面包括几何曲面和自由曲面。不同形状的面具有不同的情感特征。

正方形、长方形具有简洁、端正、单纯、规整的感觉，在家具造型中适用于餐桌、方凳、茶几等的设计，如图5-12所示。

三角形具有尖锐、稳定、安静的感觉，适用于茶几面，如图5-13所示。

图5-12　以正方形、长方形元素为主的家具

图5-13　以三角形元素为主的家具

多边形具有多变、柔软、动感的特性，适用于软体家具、个性化家具设计，如图5-14所示。

梯形具有稳定、支撑、重量感，常作为座椅、柜类的支撑部位，如图5-15所示。

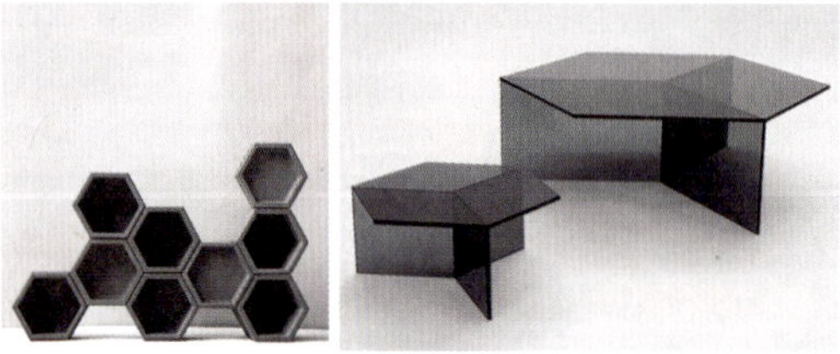

图5-14　以多边形元素为主的家具

图5-15　以梯形元素为主的家具

圆形具有单纯、圆满的感觉，是餐桌、茶几、座椅的常用元素，如图5-16所示。

图5-16　以圆形元素为主的家具

任务实施

任务内容：收集以面为主要设计元素的家具图片。

实施要求：1. 可以从网络、书籍、实体店中采集、收集家具资料，但需要注明资料来源。
2. 收集家具图片的数量不少于5张。
3. 对每款家具进行简要设计说明。
4. 将以上内容整理成PPT文件，要求图文并茂，加入设计理念分析。
5. 准备5min的汇报内容。

任务5.5　家具形态设计——体

任务引入

点、线、面、体，其中体在四个当中体积最大、最具立体感觉。通过前面任务的学习，了解到点、线、面在家具中的应用，那么作为一个实实在在的体，是如何融入家具造型中的呢？本任务是了解体的概念、类型及其在家具中的应用。

5.5.1 体的概念

体是面移动的轨迹，也是物体占有的空间。此外，点、线、面的围合以及面的旋转也可以构成体的空间。

5.5.2 体的类型及其在家具设计中的应用

（1）几何形体和非几何形体

几何形体包括正方体、长方体、圆柱体、圆锥体、椎体、球体等；非几何形体指一切不规则的形体。其中，正方体、长方体最为常见，如桌、床、柜类家具等。图5-17和图5-18分别为几何形体的家具和非几何形体的家具。

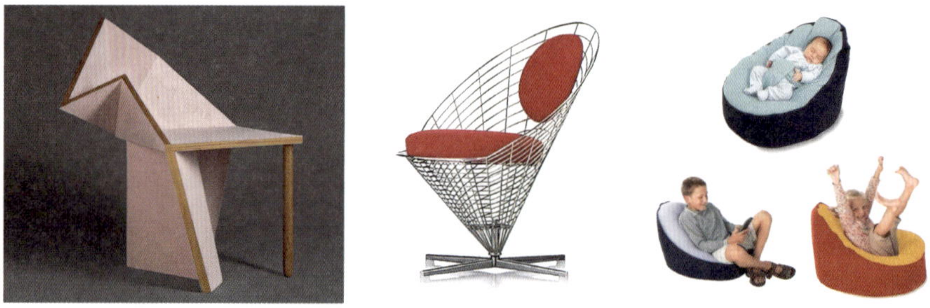

图5-17 几何形体的家具

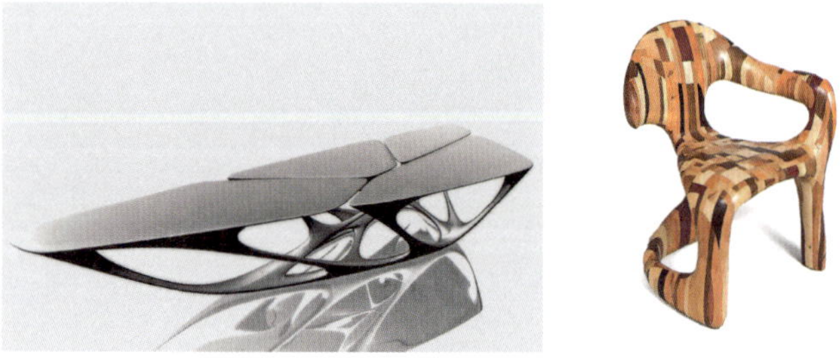

图5-18 非几何形体的家具

（2）实体和虚体

由块、面围合而成的体称为实体，主要表现为封闭式家具，如箱体、沙发等；由线、面以及具有开放空间的面构成的体称为虚体，主要表现为开放式家具，如桌椅类家具等。实体与虚体并非完全独立存在，它们往往是相互配合的关系。通常在一件家具中既能看到实体部分，也能找到虚体空间。图5-19和图5-20分别为以实体、虚体为主的家具。

图5-19　以实体为主的家具

图5-20　以虚体为主的家具

任务实施

任务内容： 收集以体为主要设计元素的家具图片。

实施要求： 1. 可以从网络、书籍、实体店中采集、收集家具资料，但需要注明资料来源。

2. 收集家具图片的数量不少于5张。
3. 对每款家具进行简要设计说明。
4. 将以上内容整理成PPT文件，要求图文并茂，加入设计理念分析。
5. 准备5min的汇报内容。

项目拓展　点、线、面、体——不简单

任务引入

你想的点、线、面、体可能是这样的（图5-21），但家具设计师们的点、线、

面、体是这样的（图5-22）。在该项目拓展中，让我们一同来领略世界优秀家具设计作品，找寻设计中的点、线、面、体。

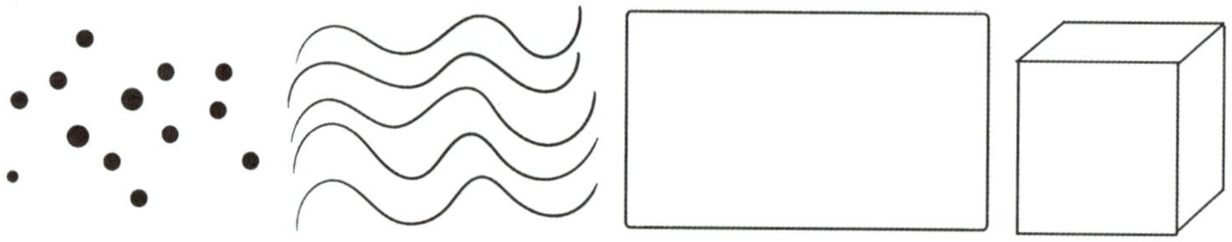

图5-21　点、线、面、体

图5-22　点、线、面、体家具

（1）点——Bubble沙发

Bubble沙发设计者为萨沙·拉基奇（Sacha Lakic）。从点、线、面、体的角度去分析这款沙发，你会发现它更大程度上接近于体，但仔细品味，点元素才是构成这件家具的关键。这种沙发具有可爱、饱满的造型和丰富的色彩，宛如轻盈的云朵、甜美的糖果，对空间气氛的调节起到了很大的作用，如图5-23所示。

图5-23　点——Bubble沙发

（2）线——钱椅

钱椅的设计灵感来源于中国的圈椅，设计者为朱小杰。钱椅表达了“取象于钱，外圆内方”的哲学思想。椅子扶手与靠背用两根细弯曲木勾勒，从结构上看并不稳固，但这正是设计者的用心之处。在看似非常细的木头中串入钢筋，稳固而坚定，寥寥几笔将明式圈椅的风格勾勒了出来，如图5-24所示。

（3）面——红蓝椅

红蓝椅是荷兰风格派代表作品之一，设计者为格里特·托马斯·里特维尔德（Gerrit Thomas Rietveld）。红蓝椅具有抽象的理性造型，用长方形木条和木板，按模数进行组合，具有高度立体主义象征特点。红色、蓝色、黑色与黄色的搭配让座椅色彩明亮，与风格派代表人物皮特·科内利斯·蒙德里安（Piet Cornelies Mondrian）的绘画作品相互关联，如图5-25所示。

图5-24　线——钱椅

图5-25　面——红蓝椅

（4）体——LC2沙发

LC2沙发是设计师勒·柯布西耶（Le Corbusier）、夏洛特·贝里安（Charlotte Perriand）在1929年设计完成的，如图5-26所示。沙发整体呈现正方体的形态，由于座面高度达到475mm，对于一些人来说座高略高，甚至脚不能接触到地面。为此可以考虑将上面的坐垫拿掉，让座高降低到300mm左右，而坐垫摇身一变成为地垫，在家庭会客时也是不错的家具组合。

图5-26　体——LC2沙发

结语

创新是一个民族进步的灵魂，是一个国家兴旺发达的不竭动力。在本次的项目拓展中，我们看到了家具设计领域的创新设计，这些看似简单的元素在设计师们巧妙的组合下变得精致、舒适。任何一件优秀作品的背后都凝结着设计者们的智慧，这智慧的形成并非一朝一夕，而是需要长期知识与经验的积累。

谈一谈

通过项目拓展的学习，大家是否掌握了点、线、面、体的应用了呢？接下来，能谈谈你对家具造型设计中四个元素应用的感受吗？

项目6 家具质感与色彩

项目描述

家具造型的呈现离不开材料，对家具材料质感与色彩的塑造让每件家具富有内涵、拥有情感，同时也表现出其独特的造型属性。材料的质感与色彩可以与生俱来，也可以通过后期处理形成，无论以哪一种形式呈现，目的只有一个，让家具在造型上更具美感。本项目将开启对家具质感与色彩的探究，了解其种类、特性及其情感属性，为家具造型设计质感的选择、色彩的搭配提供帮助。

项目目标

1. 掌握家具质感的分类。
2. 掌握家具质感的情感特征。
3. 掌握常用家具质感的应用。
4. 掌握色彩的基础知识。
5. 掌握色彩的心理。
6. 掌握家具的色彩设计原则。
7. 了解木材缺陷。

项目计划

项目任务	主要知识点	学时
任务6.1 家具质感	分类、情感特征、应用	1
任务6.2 家具色彩	色彩形成、色彩分类、三属性、色彩混合、色彩感受、色彩联想、设计原则	2
项目拓展 美的另一种体现——木材的缺陷	生长缺陷、机加工缺陷、干形缺陷、木材结构缺陷、伤害造成的缺陷	1

任务6.1 家具质感

任务引入

家具的构成离不开各种各样的材料，每一种材料都有其独有的特性，如晶莹剔透的玻璃、坚硬粗糙的石材、温润的木材、冰冷的金属、柔软的织物（图6-1），这些特性称为质感。家具质感有天然的也有加工处理而成的，它对家具外观效果的呈现起到了关键的作用。

图6-1 不同的材料

知识链接

质感是材料产生的一种特殊品质，也是材质表面的组织结构，是材料固有的或经加工处理后而形成的材质感。

6.1.1 家具质感的分类

质感通常可分为两种类型：一是触觉质感，使用者触摸材料时可以感受到材质的软硬、疏密、凹凸、冷暖、粗细、粗糙和光滑等；二是视觉质感，使用者用眼睛看到的材质质感，如亮光与亚光、暗淡与明亮、光滑与粗糙、干燥与湿润以及色彩、纹理等。

通常情况下，触觉质感能给人以视觉质感，但视觉质感是无法通过触觉来感受的，但是由视觉经验产生联想，同样会产生触觉感受。因此，对物体表面材料质感的认知是人们触觉和视觉交织在一起的综合感觉。图6-2是不同质感的家具细节。

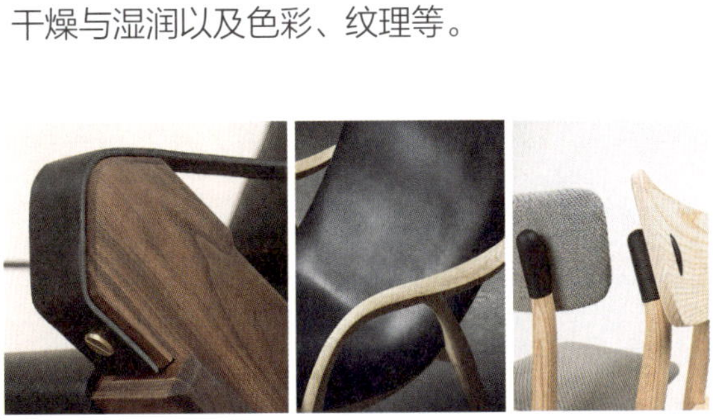

图6-2 不同质感的家具细节

6.1.2 质感的情感特征

材料的质感可以给人们带来不同的情感特征。随着新材料、新技术、新工艺的涌现，不同质感的材料丰富了家具设计，也展现了当下人们的设计观念和情感表达。

根据材料表面粗糙和细腻的程度可划分为粗糙无光、细腻光滑、粗糙有光和细腻无光四种类型，如表6-1所示。

表6-1 粗糙与细腻质感的情感特征

质感类型	情感特征
粗糙无光	笨重、含蓄、温和
细腻光滑	轻快、柔和、洁净
粗糙有光	沉重、亲切、坚硬
细腻无光	质朴、高雅、低调

材料表面柔软和坚硬的情感特征如表6-2所示。

表6-2 柔软与坚硬质感的情感特征

质感类型	情感特征
质地柔软	友善、温暖、诱人、可爱、轻快
质地坚硬	沉重、冰冷、抗拒、醒目、坚定

木材表面涂饰工艺的不同也会使木材的质感有所差异，主要类型有透明、不透明、亮光和亚光等，如表6-3所示。

表6-3 木材涂饰质感的情感特征

质感类型	情感特征
透明	显现木材本身木纹，木纹具有独一的特性
不透明	不显现木材木纹，根据涂料及喷涂方式展示材质多样性
亮光	光泽明亮，显现冷、硬的质感
亚光	消光、柔光，显现柔和、温暖的质感

另外，对木材而言，即使是同一种材料，但施以不同的加工方法，也会产生不同的质感，如表6-4和图6-3所示。

表6-4　木材材面质感的情感特征

质感类型	情感特征
横切面	可清晰看到生长轮、心材和边材等木材信息，具有很强的原木特色
径切面	纹理通直、平行、有序
弦切面	由直纹到山形纹渐变，纹理变化大

6.1.3　质感的应用

设计者在进行家具外观造型设计时，应该对家具材料特性、结构和生产工艺等进行综合考量，尽可能将材料本身的特质发挥出来，以求最佳效果。如果一件家具选择两种或两种以上材料时，还要考虑材料间的连接工艺及材质搭配。

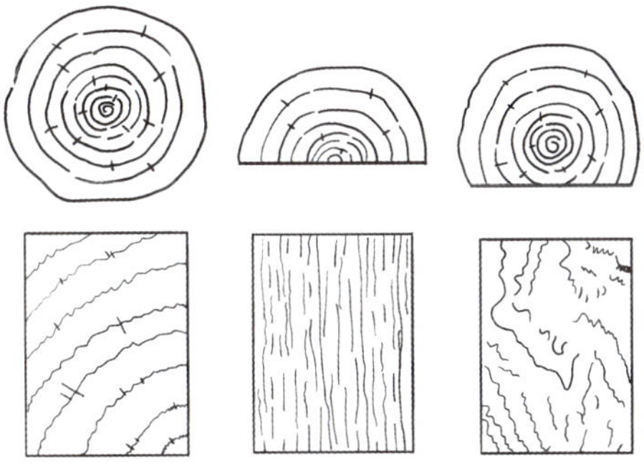

（a）横切面　（b）径切面　（c）弦切面

图6-3　木材材面质感

（1）材料的天然质感

在使用木材、石材等一些取自大自然的材料时，设计者更倾向于将其原有的、天然的质感体现出来，追求材料本身的自然美。木质家具具有独一无二的自然纹理，坚韧、富有弹性，给人以温暖、亲切、舒适、透气的感觉；金属家具具有一定的光泽，给人以坚硬、冰冷、沉重、光滑的感觉，也表现出一定的工业感；竹藤家具因其结构和加工工艺特性，给人以透气、凉爽、柔软、轻盈的感觉；石材家具具有一定的重量和体积感，会带来稳重、坚硬、高级感。

但需要注意，体现材料天然质感并非对原材料完全不加处理，而是在保留其质感特质的前提下进行必要的加工，如防腐、防虫、防锈、抛光等处理。经过科学处理后的材料才会经久耐用也更加美观。

（2）材料加工后的质感

在同一种材料上运用不同的加工处理方法，可以得到不同的艺术效果，如木材不同的涂饰方式和裁切方式（表6-3和表6-4）、玻璃的处理方式（图6-4）、竹藤的编制方式等。

（3）不同材料的搭配

为了营造质感的对比效果，很多时候一件家具是由两种或两种以上材料共同搭配而成的，如图6-5所示。材料间不同质感的碰撞，在一定程度上增加了家具造型的变化，丰富了

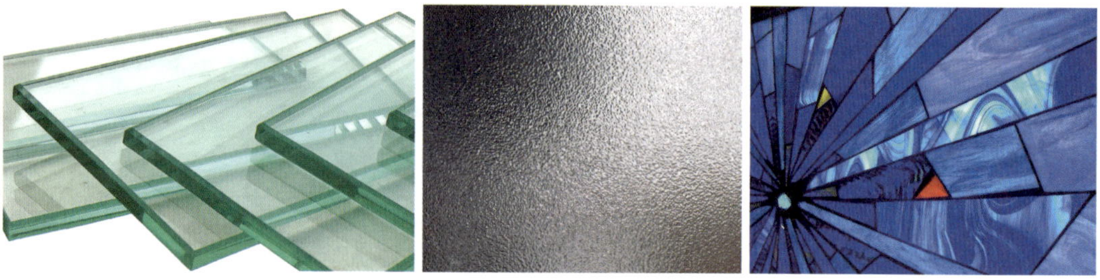

图6-4　玻璃的不同处理方式

图6-5　不同材料的搭配

视觉感受。并且，不同材料因其特性因素，可取长补短，为功能设计提供很好的帮助。例如座椅设计时，腿、靠背等支撑位置可采用硬度和强度相对更大的木质或金属材料；为增加舒适性，座面可使用织物、皮革、海绵等软体材料。

任务实施

任务内容：收集家具图片并提取其材料，谈谈对该材料质感的认识与理解。

实施要求：

1. 可以从网络、书籍、实体店中采集、收集家具图片，但需要注明资料来源。
2. 提取家具中的材料。
3. 将收集到的家具图片及提取材料整理、编辑成PPT文件。
4. 对家具材料质感的认识与理解需要融入主观想法，不能照搬照抄教科书。
5. 准备5min的汇报内容。

任务6.2　家具色彩

任务引入

自然界是五彩斑斓的，色彩作为最有表现力的元素之一，装点着我们的生活，愉悦着我们的身心。本任务将展开对色彩的探究，了解鲜为人知的色彩心理，掌握家具色彩的设计原则。

知识链接

色彩是家具造型设计不可缺少的元素。通过色彩搭配与搭配，可以使家具的物质功能、使用环境和人的心理和谐一致，这对家具外观的审美起着决定性作用。同时，家具色彩的选择也将影响使用者的心理和生理。

6.2.1　色彩的基础知识

任何设计都离不开色彩，想要利用好色彩就必须了解其形成的原理、分类及属性。只有掌握了色彩的基础知识，才能够合理地搭配和调和色彩，并将其应用到设计中。

（1）色彩的物理学原理

眼睛在光的作用下通过色彩的差异感受景物的存在。光线明亮时，大自然的万物鲜艳而清晰；光线暗淡时，色彩变得阴暗且模糊。如果没有了光，在黑暗中我们什么都看不见。

物理学家牛顿通过三棱镜折射，将日光分离成红色、橙色、黄色、绿色、蓝色、靛色、紫色七种单一色光，这就是光谱中的可见光。其中，红色光的折射率最小，它拥有光谱色中最长的波长；紫色光的折射率最大，波长最短。图6-6为色彩的物理学原理。

（2）色彩的分类

色彩可分为无彩色系统和有彩色系统。无彩色系统包括白色、黑色和灰色；有彩色系统包括纯色（不含黑、白、灰，饱和度最高的色）、清色（纯色加入白色所形成的色）、暗色（纯色加入黑色所形成的色）、浊色（纯色加入灰色所形成的色）。

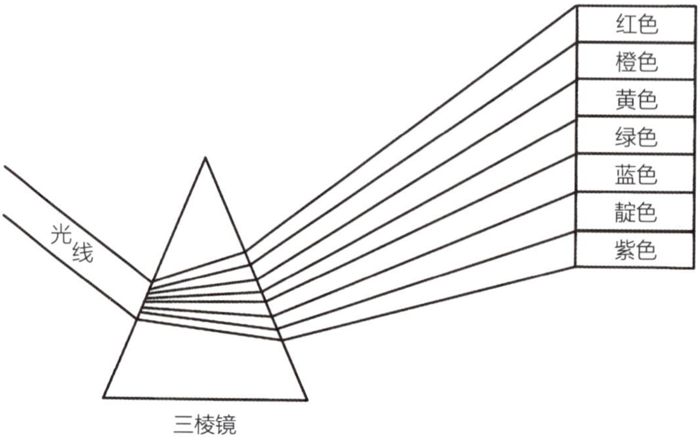

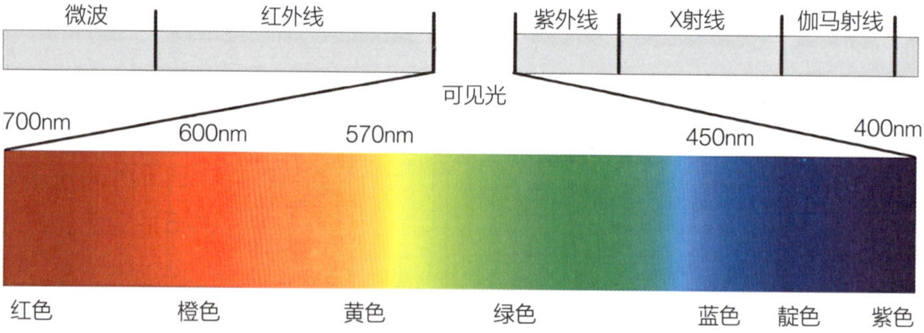

图6-6　色彩的物理学原理

（3）色彩的三属性

色彩的三属性包括明度、色相、纯度。

①明度：明度指色彩的明暗程度，又可称为亮度、深浅度。把黑、白作为两个极端，黑白之间有9级不同程度的灰，其中靠近黑色的1～3级为低明度，中间4～6级为中明度，靠近白色的7～9级为高明度，如图6-7所示。

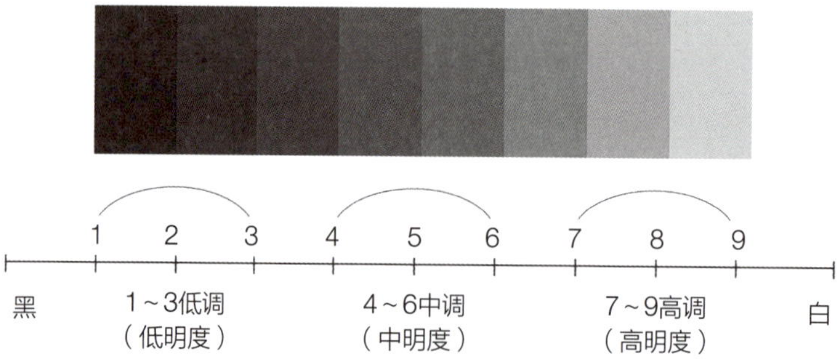

图6-7　色彩的明度

有彩色的明度是根据无彩色黑、白、灰的明度等级而定的，其中黄色最明亮，紫色最暗淡，橙、绿、红、蓝的明度位于黄、紫之间。即使是一个色相，也会有不同的明暗变化，如深红、大红、红橙等。另外，任何一个彩色加白后会提高明度，加黑后会降低明度，每个颜色都可构成自己的明度序列。

②色相：色相是色彩的相貌，人们用它来区别各类色彩的名称。

在光谱中，色相的顺序即红、橙、黄、绿、蓝、紫是一种固定的关系，但各色之间并没有明显的界限，是一种渐变的色彩关系。色彩学家将这种渐变的色相以环状的形式排列，称之为色相环，如图6-8所示。

色相环由原色、二次色（间色）、三次色（复色）组合而成。色相环中的三原色是红、黄、蓝，这三种颜色在环中形成一个等边三角形。二次色是橙、紫、绿，处在三原色之间，形成另一个等边三角形。三次色是由原色和二次色混合而成的，如红橙、黄橙、黄绿、蓝绿、蓝紫、红紫等。

（a）12色相环　　（b）24色相环

图6-8　色相环

③纯度：纯度是指色彩的鲜艳度，又称彩度或饱和度。无彩色的纯度等于零。有彩色中，红色是纯度最高的颜色；橙色、黄色的纯度居中；蓝色、绿色是纯度较低的颜色。

色彩纯度推移的方法如下：选出一个纯度较高的色相，如大红，再找一个明度与之相等的中性灰色，然后将大红与灰色直接混合，混合出从大红到灰色依次递减的纯度序列，即可得到红色的纯度推移，如图6-9所示。

图6-9　色彩的纯度

任何一个有彩色加白、加黑、加灰不仅会改变其明度关系，更会降低其纯度。一色混入其他颜色会降低纯度，若混入其补色则纯度下降得更快。

（4）色彩的混合

①三原色：三原色指色彩中不能再分解的三种基本颜色，如图6-10所示。三原色在理论研究和实践应用中有较多的分类，如色光三原色、颜料三原色、印刷三原色等，在传统美术中将红、黄、蓝作为三原色。三原色相互混合可以调配出无数种色彩。

②间色：间色又称二次色。它是由两种原色按照1：1的比例调配出来的颜色。红与黄调配出橙色；黄与蓝调配出绿色；红与蓝调配出紫色，橙、绿、紫三种颜色称为三间色。在调配时，两种原色在比例上的不同会带来丰富的间色变化。

③复色：复色又称三次色，是指三个原色相混合而产生出来的颜色，如橙加紫生成茶褐，橙加绿生成茶绿，紫加绿生成橄榄绿等。

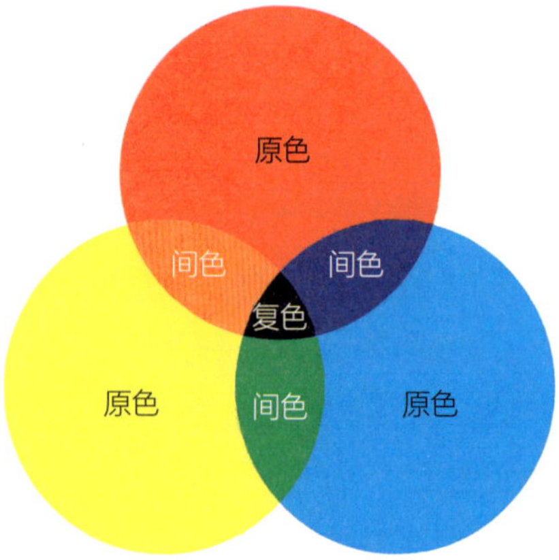

图6-10　三原色

6.2.2　色彩的心理

（1）色彩的感受

①体量感：体量感是指在两色对比过程中，某些颜色具有一定的膨胀或缩小感。同样直径的两个圆，观察其面积，白色圆较黑色圆显得更大一些，如图6-11所示。从这组对比不难发现，明度高的色彩较明度低的色彩更显面积大。此外，色彩的体量感与色彩的冷暖也有直接关系，冷色会产生收缩感，暖色具有膨胀感。

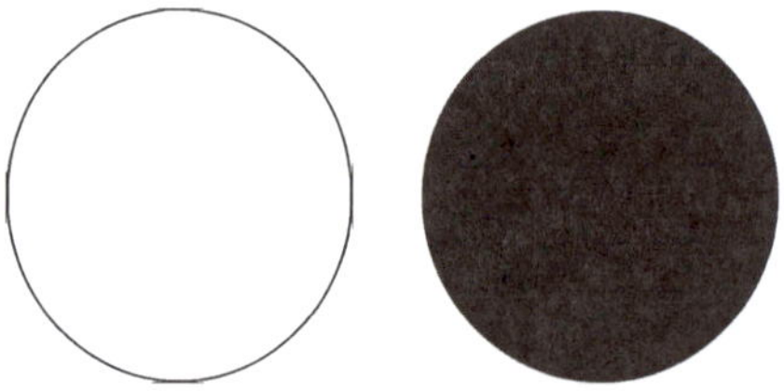
图6-11　色彩的体量感

图6-12　色彩的温度感

②温度感：色彩温度感又称冷暖感。冷色主要有蓝色、靛色、绿色；暖色主要有红色、橙色、黄色。之所以可以划分颜色的冷暖，是因为人们对色彩的联想无形之中为颜色赋予了温度，如图6-12所示。另外，色彩的温度还受到色彩明度的影响，明度低的颜色会使人感觉温暖，反之则令人感觉凉爽甚至寒冷。

③重量感：色彩的重量感主要与色彩的明度有关。明度高的色彩使人感到轻快；明度低的色彩使人感到沉重。在设计中，选用明度高的浅色系有利于扩大空间视野，制造轻盈感，带给人们愉快的心情，如浅绿、天蓝、浅紫等颜色明快、简洁，富有时尚的韵味；明度低的深色系具有沉重感，有稳定心绪的作用，如咖啡色、深棕色、棕红色等颜色富有重量感，具有严谨、沉着的韵味。

④距离感：色彩距离感取决于明度和色相。通常情况下，暖色近，冷色远；明色近，暗色远；纯色近，灰色远；鲜明色近，模糊色远；对比强烈的色近，对比微弱的色远。鲜明、

清晰的暖色有利于突出主题；模糊、灰暗的冷色可衬托主题。

⑤软硬感：色彩的软硬感主要取决于明度。一般来说，明度高的色彩给人柔软、亲切的感觉；明度低的色彩则给人坚硬、冷漠的感觉。另外，色彩的软硬感还与纯度有关，高纯度和低明度的色彩都呈坚硬感；高明度和低纯度的色彩有柔软感；中纯度的色彩也呈柔软感。暖色系较软，冷色系较硬。在无彩色中，黑色与白色给人较硬的感觉，而灰色则较柔软。

（2）色彩的联想

生活里充满了丰富的色彩，人们根据生活经验对不同的色彩产生了一定的联想。当看到红色时，就会想到红旗、火焰、血液、灯笼等，这些事物让我们产生沸腾、温暖、热烈、喜庆的感受。而这种由色彩联想到某种事物，再由某种事物引发某种情感的一系列活动就是色彩联想活动。每种色彩都有其不同的特质表情，由于色彩联想的社会化、大众化，并形成习惯，在感情上就产生了心理个性特征。常见的色彩联想见表6-5。

表6-5　色彩的联想

色相	联想事物	情感效应
红	红旗、火焰、血液、灯笼等	沸腾、温暖、热烈、喜庆、炙热、奔放、革命、壮烈、壮丽、吉祥、忠诚、危险等
橙	香橙、夕阳、灯光、安全色等	喜悦、温情、精力旺盛、欢快、活泼、澎湃、兴奋、温暖、热情、警戒等
黄	阳光、柠檬、黄金、麦田等	希望、光明、崇高、跳跃、成熟、丰收、庄严、收获、酸等
绿	森林、草地、春天、叶子等	生命、希望、青春、和平、生机勃勃、环保、生态等
蓝	蓝天、海洋、青山、水等	美丽、冷静、庄重、坚实、理智、宁静、朴素、寒冷、安详、广阔等
紫	葡萄、薰衣草、茄子、紫罗兰等	高贵、优雅、魅力、神秘、浪漫、幻想等
黑	夜晚、电脑、墨水、煤炭等	庄严、恐怖、死亡、绝望、权威、执着、创意、沉重、压抑感等
白	雪、云朵、牛奶、羽毛等	洁净、明亮、纯洁、高尚、神圣、平和、冷酷、哀怜等
灰	晨雾、楼房、水泥、乌云等	严谨、肃穆、高级、沉默、阴冷、忧郁、暗淡等

6.2.3　家具的色彩设计

（1）家具色彩的形成

①固有色：材料本身的颜色被称为固有色。在家具用材中，最容易出现固有色的材料是

实木。实木种类繁多，其色彩也十分丰富，如深色系的紫檀木、鸡翅木、黑胡桃木、柚木、酸枝木等，浅色系的松木、白蜡木、枫木、橡胶木、白橡木等。木材的固有色可通过透明涂饰或打蜡抛光的方式展现出来，这样既保留了木材天然纹理、固有颜色，还对木质表面进行了保护。除了实木，石材、藤材、竹材等都有其独特、美观的固有色。

②涂饰色：很多家具因其造型需要会进行涂饰处理。涂饰分为两类：一是显现纹理的透明涂饰，二是覆盖纹理的不透明涂饰。其中，如在透明涂饰中进行着色处理，可以改变材料固有色，并且保留材料本身的纹理；而不透明涂饰，是在涂料中加入色彩，将材料纹理和固有色完全覆盖。

③贴面装饰色：人造板材是板式家具的常用材料，主要有胶合板、中密度纤维板、刨花板等，因其表面装饰性较差，需要通过贴面材料进行装饰。贴面材料可以模拟珍贵木材，也可以加工成各类色彩、纹样等。

④附加色：金属、塑料、织物等材料的色彩也是家具造型设计中不可缺少的色彩构成要素。五金件、金属腿、铜质扶手，色彩丰富的塑料家具，柔软、舒适、色彩绚烂的软包织物，丰富着家具造型，点缀、渲染着室内色彩气氛。

（2）家具色彩设计原则

①功能性设计原则：功能性设计原则是家具设计的基础，是家具设计的本质与目的。家具功能是否合理，需要设计者充分考虑使用者的生理和心理需求，在色彩设计方面也是如此。例如，办公家具应以灰色调为主，沉着冷静的颜色可以提高工作效率；快餐厅家具可选择橙色等暖色调颜色，以激发食欲；卧室家具可选用淡雅的中色调或偏暖色调，以使人感到沉静、温暖、安宁，利于睡眠、休息；医院家具宜选用白色、蓝色等冷色调，以显示洁净、整洁，避免色彩干扰。

②整体性设计原则：家具是室内空间中重要的组成部分，它不是独立存在的，而是需要与室内其他界面共同配合的，如墙面、地面、天花等，以使整个室内的色调和谐统一。同时，家具色彩又可以作为前景被衬托，故可采用对比的手法。这两种方法应根据具体的要求和条件而定。如果房间面积较小，墙面为冷色调，家具也宜采用冷色调，纯度和明度可以略有差异，使家具退隐到墙壁中，与墙体浑然一体，形成同一个背景，以扩大室内空间感；如果房间较大，家具也不多，则家具色彩宜与墙面色彩形成差异，甚至成为补色关系，由此突出家具的前置位置，减少空间的空旷感。

家具色彩还应与室内风格相协调，如中式传统风格的室内宜采用沉稳的深色调家具；日式风格室内可采用原木色家具；法式风格的室内多采用浅色系家具；地中海风格室内需采用蓝色、白色系家具等。

③人性化设计原则：人们对色彩的喜欢因人而异，没有绝对的定式。儿童在色彩喜好上

根据年龄段略有差异，就共性而言，儿童更偏向于艳丽的、对比较强的色彩，因而在家具设计时，应着重选择明快、活泼的暖色调，以激发儿童的好奇心和兴趣；青少年的消费心理中有明显的从众感，在进行家具设计时其色彩配置应适当考虑流行趋势，以突出个性、时尚为主，从而更加贴近青少年的心理需求；中年人较为沉稳内敛，生活阅历丰富，倾向于典雅、庄重的色彩，针对中年人的家具设计，可选用色调为中明度的颜色；老年人对色彩不是特别敏感，应以功能性和柔和的色彩配置为主。

④遵循民族传统与风俗习惯原则：不同地区和不同民族因地理环境、气候条件、生活习俗、宗教信仰、文化沿革的不同，对色彩有着不同的好恶感和禁忌性。例如在我国，红色象征喜庆、吉祥、热情，而黑色、白色被视为悲哀的颜色。西方一些国家喜爱蓝色，蓝色象征安全、可靠。因此，在进行家具色彩搭配设计时，需要考虑使用者的民族传统与风俗习惯。

任务实施

任务内容：家具材质与色彩替换训练。

实施要求：1. 根据格里特·托马斯·里特维尔德（Gerrit Thomas Rietveld）的柏林椅（图6-13），完成材质或色彩替换训练。

2. 不改变原设计外观，只改变其材料或者色彩。
3. 将改变后的设计通过三维软件进行渲染出图。
4. 将原设计与改变后的设计放入同一张展板，并做设计说明。
5. 准备5min的汇报内容。

图6-13　柏林椅

项目拓展　美的另一种体现——木材的缺陷

任务引入

在项目3中介绍了榫卯结构，很多榫卯因其结合强度和加工要求，在选材时要尽量避开木材的疤、结等部分。对于大部分木材来说，天然的疤、结是无法避免的，那么这些部分该如何处理呢？

木材缺陷因其成因不同可分为生长缺陷、机加工缺陷、干形缺陷、木材结构缺陷、伤害造成的缺陷等，如图6-14所示。国家标准《锯材缺陷》（GB/T 4823—2013）和《原木缺陷》（GB/T 155—2017）对木材缺陷进行了详细的分类。

木材缺陷对木材的物理性质、化学性质和加工性能有较大的影响，但随着人们对木材自然缺陷认知的转变，越来越多的缺陷成了设计师们发挥的素材，节子、色变、蛀孔等常常成为木质家具必不可少的元素，如图6-15所示。

（a）边缺　（b）虫眼　（c）夹皮　（d）漏节

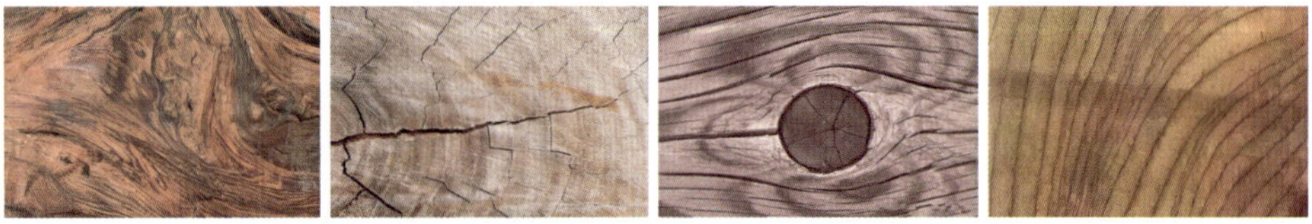

（e）乱纹　（f）轮裂　（g）死节　（h）斜纹

图6-14　木材缺陷

图6-15　利用木材缺陷设计制造的家具

结语

木材缺陷可以通过巧妙的设计进行艺术化的再创作。在生活中，无论是人还是物，都会有不完美的情况发生。如果你善于发现和改变这种不完美，那么缺陷也许能转化为意想不到的美丽。优秀的设计师需要综合的职业素养，不但要有很好的表现能力、沟通能力、创造能力，还要有敏锐的洞察力、把握和应用材料的能力等。有一双善于发现美的眼睛，美就将无处不在。

谈一谈

通过本项目拓展的学习，你能谈一谈对缺陷的理解吗？作为设计师，你是如何理解材料缺陷转化的？

项目7 家具形式美法则

项目描述

形式美法则是人们实践生活中总结、形成的创造形式美的规律，是分析、判断和创造美的对象的基本原则。形式美法则适用于艺术设计的各个领域，包括建筑、绘画、服装、雕塑、家具等。由此可见，在美感的追求和美的物化上，艺术和设计是相通的。

本项目共涉及六个任务，即家具造型的形式美六法则：统一与变化、对称与均衡、比例与尺度、节奏与韵律、稳定与轻巧、模拟与仿生。通过本项目的学习，提高对家具作品的鉴赏能力，为家具造型设计打下基础。

项目目标

1. 掌握家具形式美法则之统一与变化、对称与均衡、比例与尺度、节奏与韵律、稳定与轻巧、模拟与仿生，了解这些法则在家具设计中的应用。

2. 了解汉语言文化中的家具，并能够对其进行设计分析。

项目计划

项目任务	主要知识点	学时
任务7.1 统一与变化	协调、主从、呼应、线条对比、体量对比、空间对比、肌理对比、色彩对比、方向对比	1
任务7.2 对称与均衡	镜面对称、轴对称、旋转对称、实际均衡、视觉均衡	1
任务7.3 比例与尺度	黄金比例、整数比例、均方根比例、中间值比例、尺度	1
任务7.4 节奏与韵律	节奏、连续韵律、渐变韵律、起伏韵律、交错韵律	1
任务7.5 稳定与轻巧	稳定、轻巧	1
任务7.6 模拟与仿生	模拟、形态仿生、结构仿生、表面纹理仿生、植物仿生、动物仿生、人类仿生、具象仿生、喻象仿生、抽象仿生、整体仿生、局部仿生	1
项目拓展 读汉语言，品中国家具	扇枕温席、下榻、举案齐眉	1

任务7.1　统一与变化

任务引入

统一与变化是一对矛盾体，但在设计中两者是无法分割的。如果过分追求统一，会造成设计物视觉上的呆板、无趣、缺乏创意；反之太过变化，会杂乱无章、混乱不堪。因此，只有将这两者由矛盾转化为协同配合才能创造出好的设计作品。

知识链接

统一与变化是适用于各种艺术创作的法则，它们是互相矛盾的两个方面，但又相互依存。统一是满足设计的整体和谐，形成主要风格和基调；变化是在整体造型元素中寻找差异，从而让设计更加生动，具有创新性。家具中的统一与变化如图7-1所示。

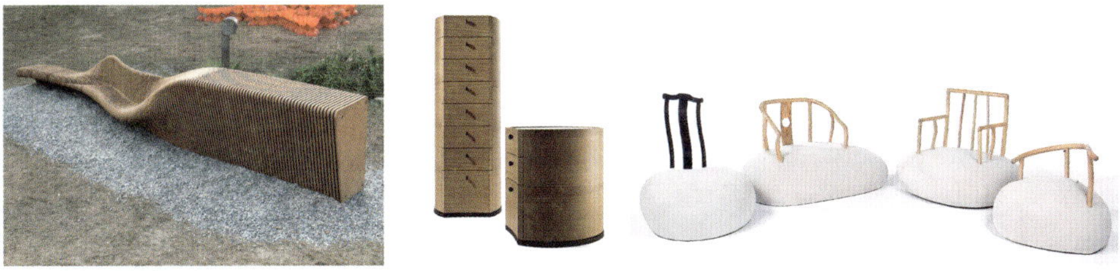

图7-1　家具中的统一与变化

7.1.1　统一

统一是指性质相像或类似的东西并置在一起，具有一致或一致趋势的感觉，是有秩序的表现。

家具造型设计中，主要运用协调、主从、呼应等手法达到统一的效果。

（1）协调

①线的协调：以线为主要设计元素的家具作品，可以选择以直线为主，曲线为辅，或反之，但要在线的方向上形成一定的统一。

②形的协调：主体形态以少为佳，追求家具各零部件外形相同或相似，力求统一。

③色彩的协调：用同色相，中、低明度和中、低纯度的色彩取得调和，可设少量的对比。

④风格的协调：家具中的连接件或装饰构件可选用同种风格的设计元素，在家具整体风格、文化内涵中得到统一。

（2）主从

①局部的主从关系：每件家具都有其主要部分或次要部分，如椅子的座面和靠背、衣柜的柜门、写字台的台面和正面等都属于主要部分。在设计时应从主要部位入手，力求主从分明，避免平分秋色。

②整体的主从关系：两件或两件以上家具形成组合时，可通过体量的大小、摆放的方向、局部的变化来确定主次关系，让多件家具在一个视觉区域内形成层次感，明确主体，如图7-2所示。

图7-2 家具中的主从关系

（3）呼应

家具设计中的呼应关系主要体现在构件和细部装饰上。相同或相似的构件和装饰重复出现，可以相互呼应，达到统一效果，如图7-3所示。

图7-3 家具中的呼应关系

7.1.2 变化

在不破坏统一的基础上，强调家具造型中部分的差异，以获得造型的丰富多变。变化在家具造型设计中的具体应用体现在对比方面，主要包括线条对比、体量对比、空间对比、肌理对比、色彩对比、方向对比等。

（1）线条对比

线条的对比主要包括长与短、曲与直、粗与细、水平与垂直。

线条的对比在各种造型设计上都普遍存在，其不仅应用在家具造型的整体设计中，在局部构件和装饰零件中也有所涉及。线条的变化可以增加丰富感和流动性，让造型更富有变化，如图7-4所示。

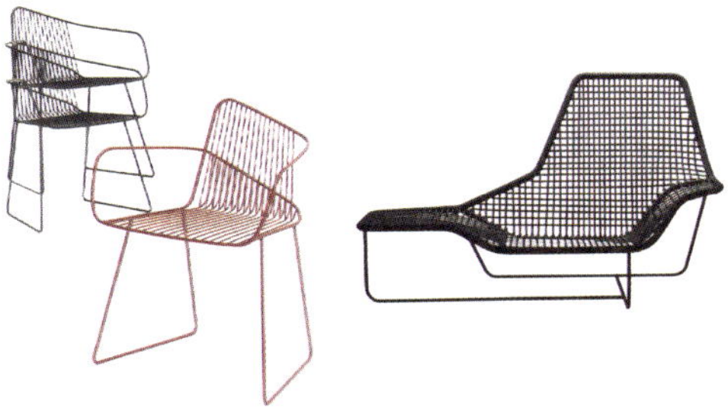

图7-4　家具中的线条对比

（2）体量对比

体量对比是指家具各部分的体积在视觉上的分量感，如图7-5所示。一般运用体量对比关系上的变化突出主体部分，达到主次分明的目的。但需要注意，如果体量对比变化不大，就达不到对比目的，会造成呆板、不生动的效果；而对比变化过大，则会失去协调感。

体量对比主要包括大与小、方与圆、宽与窄、凸与凹。

图7-5　家具中的体量对比

（3）空间对比

空间对比主要包括虚与实、开与合、疏与密、集中与分散。在家具设计中，家具实体所占据的空间称为实空间；轮廓围合而成或围绕实体空间形成的空间称为虚空间。虚空间往往起衬托作用，从而突出实体空间。空间的对比能丰富家具造型，也可以使空间通透、不沉闷，如图7-6所示。

图7-6　家具中的空间对比

（4）肌理对比

肌理对比是指把不同质地的材料或同种材料不同肌理结合在一起形成一定的对比效果，如图7-7所示。肌理对比一般不会对家具造型产生影响，但可以加强家具造型的感染力，丰富、强化造型设计。

图7-7　家具中的肌理对比

肌理对比主要包括光滑与粗糙、亮光与亚光、透明与不透明。

（5）色彩对比

色彩对比主要包括冷与暖、明与暗、灰与纯、黑与白等。家具中的色彩对比能够丰富造型，创造出活泼、醒目的视觉效果，如图7-8所示。

图7-8　家具中的色彩对比

（6）方向对比

方向对比主要包括垂直与水平、端正与倾斜、高与低等，如图7-9所示。

图7-9　家具中的方向对比

任务实施

任务内容：收集符合统一与变化形式美法则的家具设计作品。

实施要求：1. 可以从网络、书籍、实体店中采集、收集家具资料，但需要注明资料来源。

2. 收集家具图片的数量不少于5张。
3. 对每款家具设计进行简要设计说明。
4. 将以上内容整理成PPT文件，要求图文并茂，加入设计理念分析。
5. 准备5min的汇报内容。

任务7.2 对称与均衡

任务引入

想一想，有什么物体是对称的？无论是自然物还是人造物，包括建筑、家具、汽车、餐具、植物、动物甚至是我们自己，很多都是对称的，人们看到对称的物体会觉得舒适、平稳。但有时，生活中的某些不对称物的出现会带来一些惊喜。设计就是要创造一个又一个惊喜，为此，设计者将对称与均衡法则巧妙地融入设计作品中，用创意的设计装点着美好的生活。

知识链接

对称与均衡是自然物象的美学原则之一，无论是人体、动物还是植物，都呈现出一种对称与均衡的原则。家具中的对称与均衡如图7-10所示。

图7-10 家具中的对称与均衡

7.2.1 对称

对称是通过轴线或依支点相对端的同形同量形成的一种平衡状态，是一种普遍存在的形式美。对称的表现形式主要有镜面对称、轴对称和旋转对称。

（1）镜面对称

在一条假定的垂直或水平中轴线上做左右或上下的对称形式，使两侧同形、同量、同色。镜面对称还可分为绝对对称和相对对称，如图7-11所示。

绝对对称是两侧彼此相对的配置同形、同量、同色，完全一模一样的形象。

相对对称是对称轴线两侧物体外形、尺寸相同，但内部分割、色彩、材质肌理有所不同。

图7-11 绝对对称与相对对称

（2）轴对称

轴对称是围绕相应的对称轴用旋转图形的方式取得的对称（图7-12），如旋转角度为60°，90°，120°，180°等。其中，180°所得到的图形被称为逆对称。

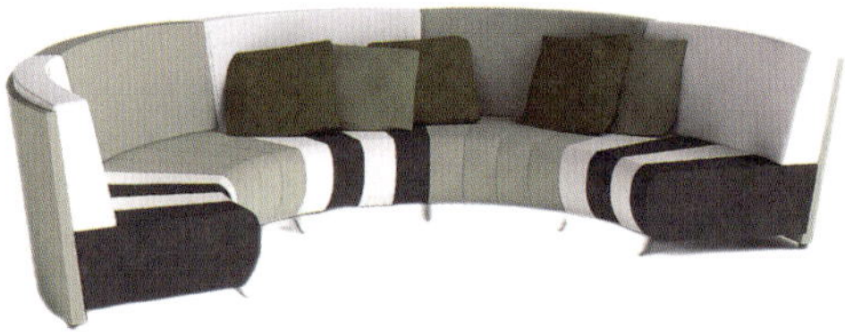

图7-12 轴对称

（3）旋转对称

旋转对称是以中心点为依据，图形围绕中心点旋转，是能够产生动感和富有韵律变化的对称形式，如图7-13所示。

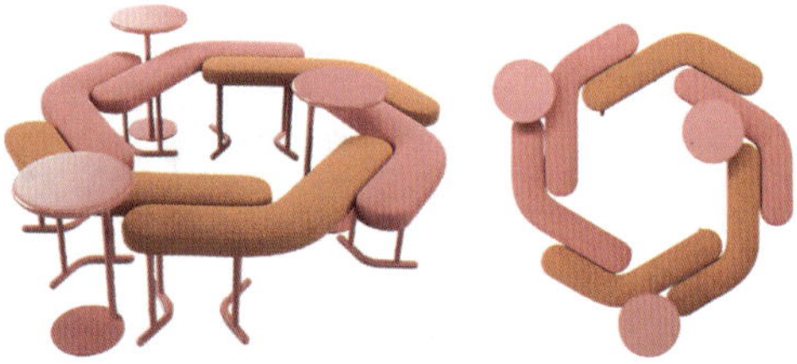

图7-13 旋转对称

7.2.2 均衡

均衡是对称结构在形式上的发展，是物体图形在假设中心线或支点两侧量的平衡关系。家具造型设计中的均衡包括实际均衡和视觉均衡，如图7-14所示。

图7-14 家具造型设计中的均衡

（1）实际均衡

实际均衡是物体根据杠杆原理达到的平衡。

（2）视觉均衡

视觉均衡是人们凭借对家具外观形式，如形态、色彩、体量、构成关系等所感受到的均衡。

均衡的设计手法，让家具造型具有多变性和灵活性。除了家具造型本身可达到均衡效果外，也可以通过其他的配景完成均衡，如家具与植被、电器、灯具、装饰摆件等搭配可以取得整体上的均衡。

任务实施

任务内容：收集符合对称与均衡形式美法则的家具设计作品。

实施要求：
1. 可以从网络、书籍、实体店中采集、收集家具资料，但需要注明资料来源。
2. 收集家具图片的数量不少于5张。
3. 对每款家具进行简要设计说明。
4. 将以上内容整理成PPT文件，要求图文并茂，加入设计理念分析。
5. 准备5min的汇报内容。

任务7.3 比例与尺度

任务引入

很多设计看似杂乱无章，但其内在蕴含着一定的规律性。比例与尺度就是规律的一种实现手段。本次任务是了解比例与尺度，分析其在家具设计中的应用。

知识链接

任何造型艺术都有二维、三维的比例和尺度关系。家具长度、宽度、高度方面的度量比及家具的局部与整体之间的对比关系称为比例。尺度是家具与人体、家具与建筑空间、家具整体与部件、家具部件与部件等所形成的特定的尺寸关系。

7.3.1 比例

家具造型中常用的比例有黄金比例、整数比例、均方根比例、中间值比例等。

(1)黄金比例

黄金比例，又称黄金分割，是指将整体一分为二，较大部分与整体部分的比例等于较小部分与较大部分的比例，其比值约为0.618，这个比例被公认为最能引起美感的比例，如图7-15所示。

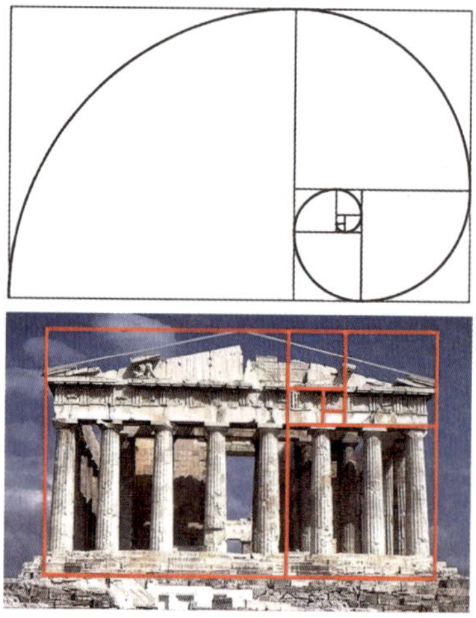

图7-15 黄金比例

(2)整数比例

整数比例是以正方形为基础派生的一种比例形式。图7-16中的比例为1∶1，1∶2，1∶3，由这种比例可构成一系列整数比的矩形图形。

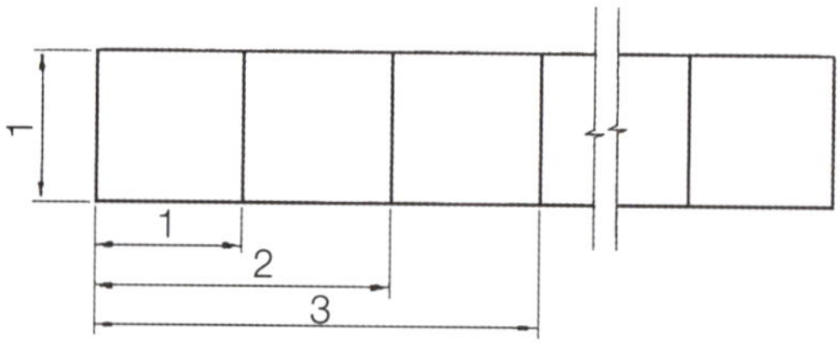

图7-16 整数比例

(3)均方根比例

均方根比例是在正方形的一边与其对角线所形成的矩形基础上，逐次产生新矩形而形成的对比关系，如图7-17所示，其比例为$1:\sqrt{2}$，$1:\sqrt{3}$，$1:\sqrt{4}$。

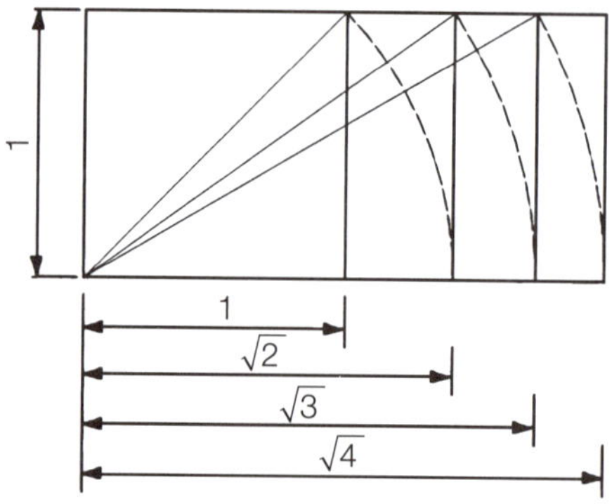

图7-17 均方根比例

(4)中间值比例

若有一系列数值a，b，c，d构成的等式为$a:b=b:c=c:d$，就形成了中间值比例，如图7-18所示。

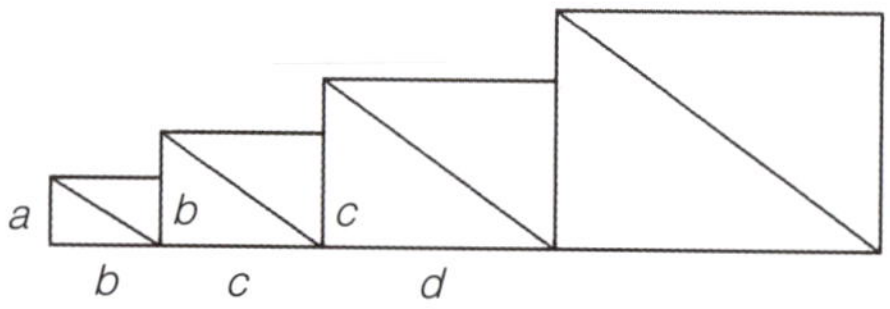

图7-18 中间值比例

家具设计中比例的运用，首先必须与人体尺寸相结合；其次，在满足功能尺寸的基础上，家具各部分的比例关系是组成造型样式的重要因素。

7.3.2　尺度

家具造型设计中的尺度是设计对象的整体或者局部与人的生理结构尺寸、人的特定标准之间的适应关系，如图7-19所示。决定尺度的方面有很多，如功能性尺度、技术性尺度、环境尺度、心理尺度、人体生理结构尺度等。

要获得家具良好的尺度，可以通过以下两个方面来实现。

（1）把某个单位引入设计中，使之产生尺度

在家具造型设计中附加某些小单位元素标定家具空间，以获得尺度感，如图7-20所示。通过这两组设计可以看出，由于引入了不同的单位，如抽屉、置物格等，使家具尺度能够简单、明确地被判断出来，并使人通过对这些小单位的视觉经验去衡量，从而产生尺度感。

（2）符合人体使用需要，重视家具与人的功能关系

家具是与人产生直接或间接接触，具有一定承载功能的物件。在进行家具设计，特别是定制化设计时，设计者需要充分考虑使用者的人体尺度，这种行为促使了人将自身变成衡量家具的标尺。因此，在家具造型设计中尺度感的获得，首先是合理组织家具及其局部的内在空间、外部体量的形式大小；其次是在物质功能和加工工艺的基础上，产生并形成适合于人体习惯和需要的尺度感。图7-21为符合人体工程学的座椅设计。

图7-19　家具中的尺度

图7-20　借助附加的因素获得的尺度感

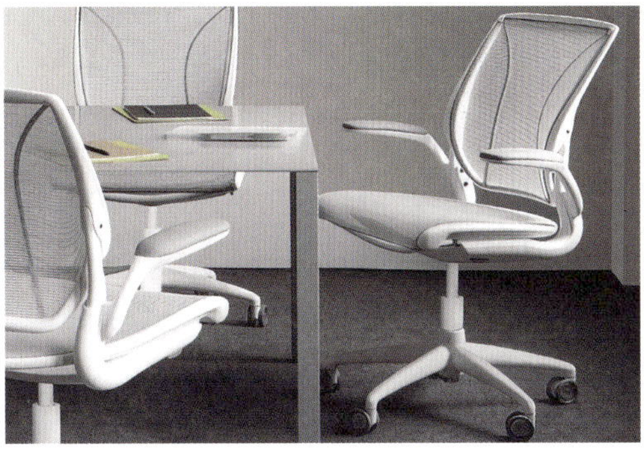

图7-21　符合人体工程学的座椅设计

任务实施

任务内容： 收集符合比例与尺度形式美法则的家具设计作品。

实施要求： 1. 可以从网络、书籍、实体店中采集、收集家具资料，但需要注明资料来源。
2. 收集家具图片的数量不少于5张。
3. 对每款家具进行简要设计说明。
4. 将以上内容整理成PPT文件，要求图文并茂，加入设计理念分析。
5. 准备5min的汇报内容。

任务7.4　节奏与韵律

任务引入

说到节奏与韵律，人们首先会想到音乐。悠扬的乐曲中舒缓、激昂的节奏感让听者不由自主地随歌起舞、哼哼跟唱。其实，除了音乐外，诗歌、建筑还有家具都离不开节奏与韵律。

知识链接

节奏与韵律是事物的自然现象和美的规律。白天与黑夜的轮换、四季的更迭、树叶的叶脉、人的呼吸、动物皮毛的花纹等都表现出自然的规律性。很多符合自然规律的重复与变化都能给人以美的感受。家具中的节奏与韵律如图7-22所示。

图7-22　家具中的节奏与韵律

7.4.1　节奏

节奏是条理与反复组织原则的具体体现，是由一个或一组要素为单位进行反复、连续、有秩序的排列，形成复杂的重复。节奏赋予家具形体曲直、高低、大小、粗细等不同的变化，让家具具有灵动的节奏感。

7.4.2　韵律

节奏与韵律是不可分割的，往往有节奏的事物都富有韵律感，韵律是节奏的深化。在设计中常见的韵律有连续韵律、渐变韵律、起伏韵律以及交错韵律。

（1）连续韵律

连续韵律是由一个或几个单位连续重复的排列而产生的韵律。连续韵律主要依据单位间的重复和距离重复而获得，如座椅靠背、饰面花纹、装饰构件等。连续韵律的家具如图7-23所示。

图7-23　连续韵律的家具

（2）渐变韵律

渐变韵律是在连续重复的排列中，逐渐按照一定的规律变化，如长短变化、宽窄变化、大小变化、色彩变化等。渐变韵律的家具如图7-24所示。

（3）起伏韵律

起伏韵律将渐变韵律加以高低起伏的变化，使之具有波浪起伏或不规则起伏的节奏感。起伏韵律的运用让家具造型更活泼、更具运动感，如图7-25所示。

（4）交错韵律

交错韵律是指各组成部分有规律地纵横、穿插或交错而产生的一种韵律，如家具中的木纹拼花等。交错韵律的家具如图7-26所示。

图7-24　渐变韵律的家具

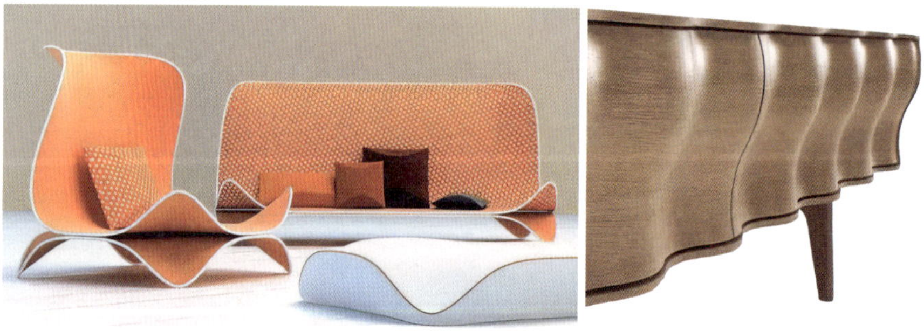

图7-25　起伏韵律的家具

图7-26　交错韵律的家具

任务实施

任务内容：收集符合节奏与韵律形式美法则的家具设计作品。

实施要求：1. 可以从网络、书籍、实体店中采集、收集家具资料，但需要注明资料来源。

2. 收集家具图片的数量不少于5张。

3. 对每款家具进行简要设计说明。

4. 将以上内容整理成PPT文件，要求图文并茂，加入设计理念分析。

5. 准备5min的汇报内容。

任务7.5 稳定与轻巧

任务引入

家具的稳定是保证家具使用安全的关键，接触面积大、重心低都会带来稳定感，但同时也会让人觉得家具笨重、不方便移动。然而，过于轻巧的家具在视觉和体感上会出现不稳定等安全问题。那么，如何协调好稳定与轻巧两者之间的关系呢？

7.5.1 稳定

稳定可分为实际稳定和视觉稳定，一般与地面接触面积大、线条和体量简单的家具会带来稳定感，如图7-27所示。因此，为了让家具具有一定的稳定感，可以采用上小下大的形

图7-27 稳定的家具

体组合，增加家具底部与地面的接触面积，或者增加家具辅助支撑。在众多的家具类型中，沙发和床是最具有稳定感的家具。

7.5.2 轻巧

轻巧是相对于笨重而言的，其是在稳定结构的基础上加入轻巧的设计手法。为了使家具显得灵巧、轻便，在设计时可以采用提高重心、向下逐步收缩的设计方法，如图7-28所示。另外，选择明快、光亮的材质也能够提高家具的轻巧感。

图7-28 轻巧的家具

任务实施

任务内容：收集符合稳定与轻巧形式美法则的家具设计作品。

实施要求：

1. 可以从网络、书籍、实体店中采集、收集家具资料，但需要注明资料来源。
2. 收集家具图片的数量不少于5张。
3. 对每款家具进行简要设计说明。
4. 将以上内容整理成PPT文件，要求图文并茂，加入设计理念分析。
5. 准备5min的汇报内容。

任务7.6　模拟与仿生

任务引入

任何设计师在设计初期都需要寻找设计灵感或设计来源，自然界中的万物便成了他们设计题材的最佳选择。因此，在很多家具造型中能看到某些非家具物品的影子，有的似植物，有的似动物，还有的似其他无生命或有生命物，这种设计就来源于设计形式美法则中的模拟与仿生。

7.6.1　模拟

模拟是较为直接地模仿自然形象或通过具体的事物形象来寄寓、暗示、折射某种思想感情。模仿的对象可以是人、植物或其他人造物。图7-29展示了两件家具，分别是明代四出头官帽椅，模拟的是官员帽子的造型；沙发模拟的是一种“月有阴晴圆缺”的思念、忧伤、悲凉的心情。

图7-29　家具中的模拟设计

7.6.2　仿生

将自然界中的原型运用到技术构造物上的方式，称为仿生学。仿生设计一般是先从生物的现存形态受到启发，再在原理方面进行深入研究，然后在理解的基础上应用于家具某些部分的结构与形态。家具中的仿生设计如图7-30所示。

仿生设计是一个较为复杂的学科，它根据仿生方向的不同分为四部分，分别是按仿生设计的模仿内容、按仿生设计的模仿对象、按仿生设计的抽象程度、以完整性为标准分类，如表7-1所示。

图7-30　家具中的仿生设计

表7-1　仿生设计分类

仿生方向分类	细分	仿生方向分类	细分
按仿生设计的模仿内容	形态仿生	按仿生设计的模仿对象	植物仿生
	结构仿生		动物仿生
	表面纹理仿生		人类仿生
按仿生设计的抽象程度	具象仿生	以完整性为标准分类	整体仿生
	喻象仿生		
	抽象仿生		局部仿生

（1）按仿生设计的模仿内容

①形态仿生：家具形态仿生是模仿生物体的形态来设计家具，如图7-31所示。这种手法又可以进一步地细分为功能象征的仿生造型和非功能象征的仿生造型。

②结构仿生：家具结构仿生是通过研究生物体的身体结构，将其原理和形式对应地用于家具整体或部分设计中，如图7-32所示。

③表面纹理仿生：表面纹理仿生是根据生物原型的表面纹理特征进行家具造型装饰的手法，如图7-33所示。

图7-31　形态仿生——郁金香椅

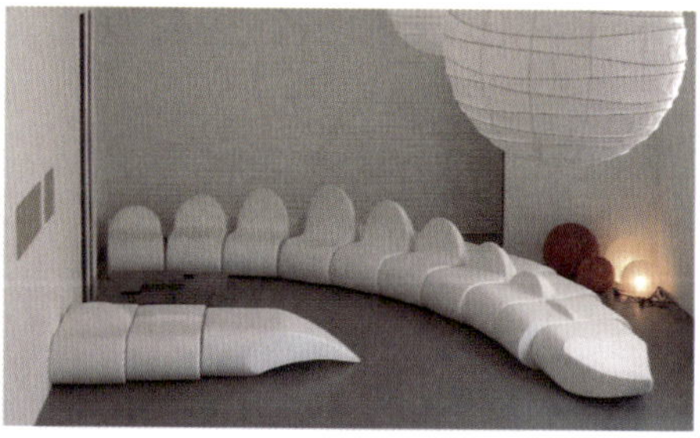

图7-32　结构仿生——骨骼座椅

（2）按仿生设计的模仿对象

①植物仿生：根据植物的根、茎、叶、花、果等进行仿照设计，如图7-34所示。

②动物仿生：根据动物的形态、头部、四肢等进行设计，如图7-35所示。动物仿生常见于中外古典家具中，如中式桌案的马蹄形腿、古埃及家具的兽足腿等。除古典家具外，现代家具特别是儿童家具设计也常采用动物仿生设计。

③人类仿生：仿照人体结构，特别是人体脊椎骨结构，设计支撑人体家具的靠背曲线，使其与人体背部完全吻合。这不但是人类仿生设计，也是人体工程学的重要内容。

（3）按仿生设计的抽象程度

①具象仿生：家具的具象仿生设计是指家具的造型与生物原型之间的形态比较相似，观察者可以很快识别出生物原型的形象并判断其种类，以及理解它所代表的含义，如图7-36所示。

②喻象仿生：喻象仿生设计是指设计师在进行家具设计时，通过提取生物原型最为人所熟知的特征，在抽象程度较高的情况下，仍然能够让人们辨别出生物原型的影子，从而完成对仿生设计的解读，如图7-37所示。

③抽象仿生：家具的抽象仿生是指对生物原型的形态或色彩进行概括，提取出该生物身上能够代表设计师所想表现的特征元素，并进行适当的夸张、变形及组合，从而忽略它的原

图7-33　表面纹理仿生——仙人掌沙发

图7-34　植物仿生——树叶凳

图7-35　动物仿生——大象书架

图7-36　具象仿生——胡萝卜柜

图7-37　喻象仿生——猫咪凳

有形态，超越它的具体性，从整体意象上把握它的结构形态，最后把整体意象体现在家具的形态、结构或表面装饰上，如图7-38所示。

（4）以完整性为标准分类

①整体仿生：整体仿生是家具的整体模仿生物原型的整体，如图7-39所示。需要注意的是，家具整体仿生必须符合家具的功能、材料、人机操作等构成要素，还要保持被仿生对象的形态特征，尽可能做到有机结合、协调统一。

②局部仿生：局部仿生主要有三种情况：第一，整体仿局部，即家具的整体模仿生物原型的局部；第二，局部仿整体，即家具的局部模仿生物原型的整体；第三，局部仿局部，即家具的局部模仿生物原型的局部。局部仿生如图7-40所示。

（a）天鹅椅　　（b）子宫椅

图7-38　抽象仿生

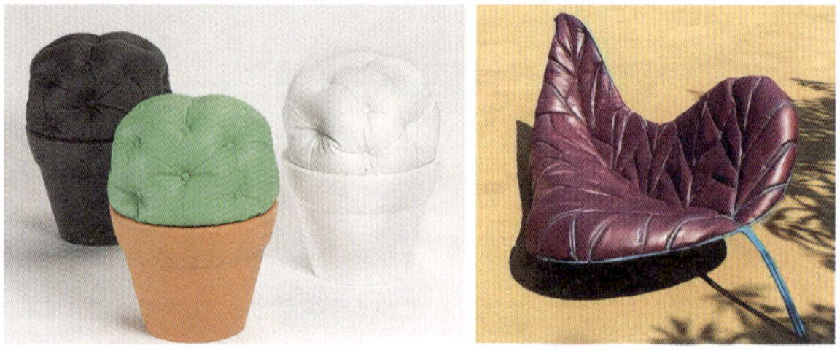

图7-39　整体仿生

图7-40　局部仿生

任务实施

任务内容：收集符合模拟与仿生形式美法则的家具设计作品。

实施要求：1. 可以从网络、书籍、实体店中采集、收集家具资料，但需要注明资料来源。

2. 收集家具图片的数量不少于5张。
3. 对每款家具进行简要设计说明。
4. 将以上内容整理成PPT文件，要求图文并茂，加入设计理念分析。
5. 准备5min的汇报内容。

项目拓展　读汉语言，品中国家具

任务引入

从甲骨文到金文再到小篆、隶书、楷书和行书，中国文字走过了6000余年。“甲金篆隶草楷行”七种字体也被称为“汉字七体”。有了文字就有了知识的积累、历史的记载、生活的记录、交流的工具，它可以突破时间和空间上的限制，流传到远方和未来。中国家具的历史和典故就是通过文字或绘画记录下来的。本次项目拓展是了解耳熟能详的词语或成语及其背后的家具故事。

（1）扇枕温席

“扇枕温席”一词出自《东观汉记·黄香传》，形容对父母十分孝敬。

黄香是古代有名的孝子，他知书达理，在炎热的夏天用扇子扇凉席子让父亲睡，在冬天则先钻进被窝温热被子让父亲睡。扇枕温席旨在倡导孝敬老人的美德。

扇枕温席中的席就是席地而坐时期最早的家具形式。席一般指用草或苇子编成的片状物，古人用以坐、卧，现今通常用来铺床或炕等。与席相关的词语和成语还有很多，如一席之地、寝不安席、席卷天下等。

图7-41为汉代画像砖《讲经图》，画中人们坐在席子上。席是一件家具，也是一种生活方式的体现。席虽然不像现代家具造型丰富，但其功能是可以满足当时人们使用要求的。并且，席的使用也延续至今。

（2）下榻

“下榻”一词出自《后汉书·陈蕃传》，意思是客人来家中住宿，礼遇宾客。榻是一种床，用来睡觉。上床即为睡觉，下床即为起床，那么下榻是下床、不睡觉的意思吗?

东汉时，南昌有位太守叫陈蕃，他为人正直，对有才能的人非常重视。南昌有位徐稚，品德好、学问深，不爱慕虚荣，所以很有名望。陈蕃听说徐稚的情况后，诚恳地邀请他，

图7-41　汉代画像砖《讲经图》

听取他的意见。徐稚来时，陈蕃热情招待，并在家里专门为徐稚设了一张榻（相当于现在的床）。徐稚一来，他就把榻放下来，让徐稚住宿；徐稚一走，这张榻就悬挂起来。这样，人们就把陈蕃的这一做法称为“下榻”。现今，“下榻”多用于外交往来。

图7-42为元代画作《倪瓒写照》。画中倪瓒依靠的榻体型较大，从造型上看，为对称设计。上方可置桌、书籍，下方设有托泥。榻面材料与其他部件材料不同，形成对比。并且，榻下方为镂空设计，削弱了家具的沉重感。

（3）举案齐眉

“举案齐眉”一词出自《后汉书·梁鸿传》，形容夫妻互相尊敬。

东汉时期的梁鸿博学多才，与朴素的孟光结为夫妻。每当梁鸿回家时，孟光总是托着放有饭菜的食案与眉毛齐平，恭敬地送到梁鸿面前，以示对丈夫的尊敬。而梁鸿也很有礼貌地用双手去接。成语“举案齐眉”即由此而来，意指夫妻恩爱，相敬如宾。与之相近的成语还有画眉举案、鸿案鹿车等。

举案齐眉中的案指的是食案，也就是小餐桌或是进饭菜用的木盘。这个历史时期人们还习惯席地而坐，因此家具都较为低矮。根据使用功能可将案分为书案、琴案、画案、食案、供案等。因其用途不同，各类案在形式和尺寸上也有所差异。图7-43为汉代食案。

图7-42 《倪瓒写照》中的榻

图7-43 汉代食案

结语

中国包含家具的词语和成语还有很多，如拍案而起、窗明几净、东床快婿、充箱盈架等。这些广为使用的词语和成语贴近生活，所以流传至今。前文列举的扇枕温席、下榻和举案齐眉三个词语，有一个共同的特点就是以“礼”为主。礼作为中华民族的传统美德，其主要价值在于“和”。在日常生活中，人与人之间应该相互尊重，心中怀有恭敬之情，行之以恭敬之礼，有敬有让，才是理想人格的风范。相互尊重是社会文明的标志，也是共促和谐社会的强大力量。

谈一谈

在本项目拓展中，我们了解了汉语言中的家具。请找一找除了以上列举的词语和成语外，还有哪些隐藏在汉语言中的家具呢？谈一谈，词语和成语背后有关家具的故事，并针对这一家具按照形式美法则内容进行设计分析。

项目8　家具细部装饰设计

项目描述

家具细部装饰设计是对家具形体的美化，是在家具整体风格和形态确定的前提下，利用各种手段对表面进行修饰，突显家具个性特征的设计。细部的巧妙设计，不但可以增添家具的造型美，还能够彰显家具品质，提升整体格调。

本项目共涉及五个任务，即家具拉手设计、家具腿脚部设计、家具线型设计、家具装饰纹样设计和灯具装饰设计等。通过本项目的学习，可以帮助学生对家具细节设计产生更深刻的认识，同时也可通过细节处理提升家具整体造型美感。

项目目标

1. 掌握家具拉手的种类及安装方式。
2. 掌握各类腿脚部设计形式及应用方式。
3. 掌握常用家具线型的表达方式。
4. 了解中国传统家具装饰纹样的类型与风格。
5. 掌握灯具在家具造型设计中的应用。
6. 了解家具中的细节美学。

项目计划

项目任务	主要知识点	学时
任务8.1 家具拉手设计	拉手种类、拉手安装方式	1
任务8.2 家具腿脚部设计	方腿脚、圆腿脚、方尖腿脚、圆尖腿脚、车圆腿脚、弯腿脚	0.5
任务8.3 家具线型设计	表面线型、边沿线型	1
任务8.4 家具装饰纹样设计	椅背装饰纹样、牙子装饰纹样、腿足装饰纹样、结子装饰纹样	1
任务8.5 灯具装饰设计	灯具、灯光	0.5
项目拓展 细节决定成败——家具中的细节美学	鼓腿膨牙、马蹄腿、三弯腿、展腿、蚂蚱腿、裹腿枨	1

任务8.1　家具拉手设计

任务引入

拉手是储藏类家具的重要组成部分，柜子、抽屉等部件的使用都离不开拉手。拉手设计是家具整体设计的点睛之笔，它应与家具整体风格相协调，解决面板开启、抽拉时的功能问题。总之，拉手是集功能与美貌于一身的重要细部装饰。

8.1.1　家具拉手分类

家具拉手种类繁多，一般可按照材料和形状进行划分。

（1）按照材料分类

从材料上划分主要有塑料、木材、金属、皮革、石材等。图8-1为不同材质的家具拉手。

图8-1　不同材质的家具拉手

（2）按照形状分类

从形状上划分主要有长条形、环形、菱形、棍形、花形、圆形、手抠式等，如图8-2所示。

图8-2　不同形状的家具拉手

8.1.2　家具拉手安装方式

家具拉手安装在门、抽屉等部件上，是使用者通过手指接触来传递启闭力的家具五金件。家具拉手的安装方式主要有表面安装式和嵌入安装式。

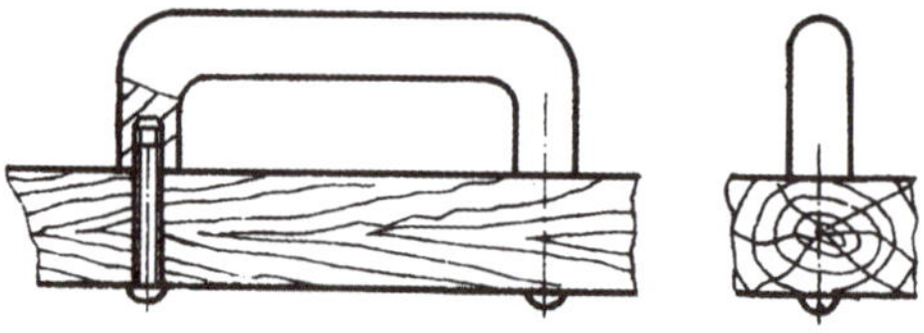

图8-3　表面安装式

（1）表面安装式

表面安装式是指拉手安装在家具表面，通过螺钉固定，如图8-3所示。根据连接点数量，可分为单支点和双支点连接。表面安装式家具拉手安装孔的孔径和孔距及其公差要求见图8-4和表8-1。

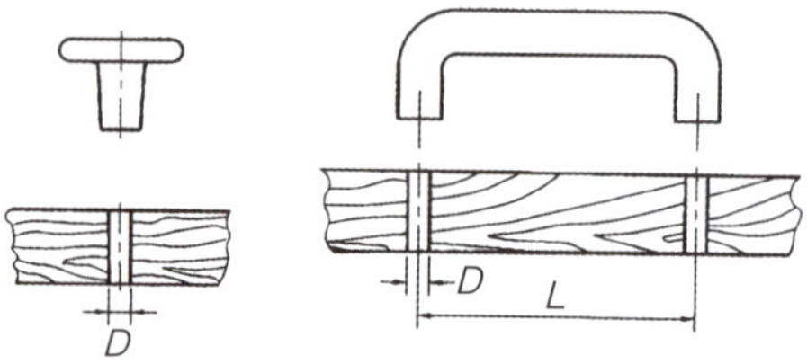

（a）安装单支点家具拉手的孔　（b）安装双支点家具拉手的孔

图8-4　表面安装式家具拉手孔径和孔距示意图

（2）嵌入安装式

嵌入安装式是指在家具表面进行钻孔或铣槽，将拉手嵌入凹槽内，如图8-5所示。嵌入安装式家具拉手安装孔的尺寸及其公差要求见图8-6和表8-2。

表8-1　表面安装式家具拉手安装孔的孔径和孔距及其公差　　单位：mm

D	$\phi 5$					
ΔD	+0.100					
L	16	20，25	*32，40，48	*64，70，80	90，*96，112	*128，144，*160，176
ΔL	±0.140	±0.175	±0.215	±0.265	±0.315	±0.370

注：标“*”的为优先选用尺寸。

图8-5　嵌入安装式

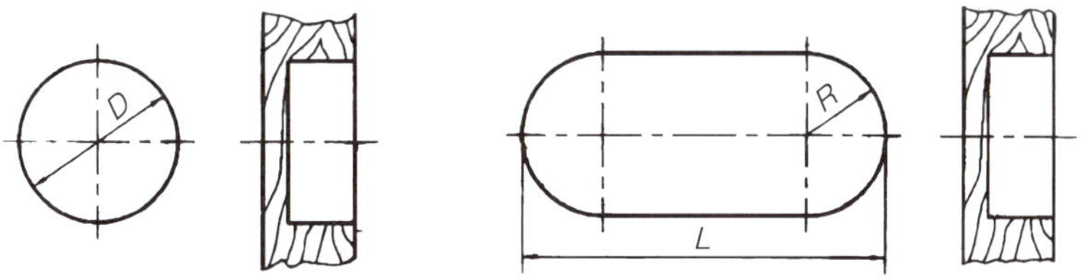

（a）圆孔　　　（b）椭圆孔

图8-6　嵌入安装式家具拉手安装孔示意图

表8-2　嵌入安装式家具拉手安装孔的孔径和孔距及其公差　　单位：mm

$D \pm \Delta D$	$L \pm \Delta L$						R
$16^{+0.17}$	$*48^{+0.43}$	$56^{+0.53}$	$64^{+0.53}$	$*80^{+0.53}$	$96^{+0.63}$	$*112^{+0.63}$	R=1/2D
$25^{+0.20}$	$*57^{+0.53}$	$65^{+0.53}$	$73^{+0.53}$	$*89^{+0.63}$	$105^{+0.63}$	$*121^{+0.74}$	
$30^{+0.20}$	$*62^{+0.53}$	$70^{+0.53}$	$78^{+0.53}$	$*94^{+0.63}$	$110^{+0.63}$	$*126^{+0.74}$	
$35^{+0.25}$	$*67^{+0.53}$	$75^{+0.53}$	$83^{+0.63}$	$*99^{+0.63}$	$115^{+0.63}$	$*131^{+0.74}$	

注：标“*”的为优先选用尺寸。

任务实施

任务内容：收集家具拉手资料并绘制。

实施要求：1. 可以从网络、书籍或家具实体中采集、收集各类家具拉手资料，但需要注明资料来源。

2. 收集到的家具拉手资料按照拉手材料或形状进行分类，每种类型不少于5件。
3. 对每款拉手在家具中的应用进行简要说明。
4. 在收集的拉手设计中选择10款，手绘临摹至A3图纸中，并拍照放入汇报PPT文件中。
5. 将以上内容整理成PPT文件，要求图文并茂，加入设计理念分析。
6. 准备5min的汇报内容。

任务8.2 家具腿脚部设计

任务引入

很多家具都会配有腿和脚，起到支撑、调节高度、装饰等作用，也可通过腿脚部的设计，了解家具的设计风格、设计年代等。可以说，腿脚部设计是辨认与决定家具类型、风格特点的关键零部件。本任务是了解各种腿脚部设计。

8.2.1 直腿脚

直腿脚形式主要有方腿脚、圆腿脚、方尖腿脚、圆尖腿脚、车圆腿脚等，如图8-7所示。

图8-7 直腿脚

（1）方腿脚

方腿脚的断面是正方形或长方形，底部尺寸和顶部尺寸相同，是最容易加工的一种形式，常应用于现代家具设计中，如图8-8所示。

（2）圆腿脚

圆腿脚（图8-9）的断面是圆形或椭圆形，上下横截面尺寸一致，加工较为容易，如圆形断面可以通过车床进行加工。

图8-8　方腿脚

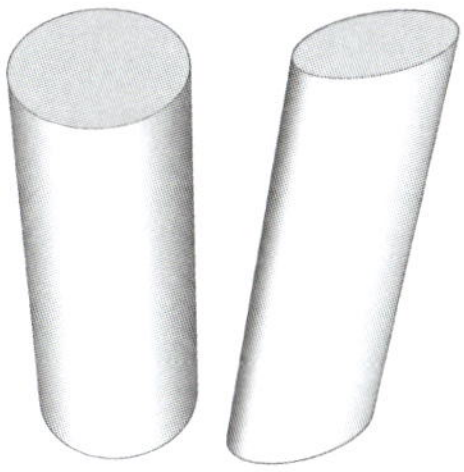

图8-9　圆腿脚

（3）方尖腿脚

方尖腿脚（图8-10）是在方脚基础上的变形，由上向下渐细，有以下两种类型。

①内侧两面尖削：内侧两面向下斜，而外侧仍然垂直，整个设计看起来既稳重又轻盈。

②四面尖削：四面均向下斜，形成上大下小的形式，使家具看起来更轻盈。但从视觉感受上较内侧两面尖削的形式稳定感稍弱。

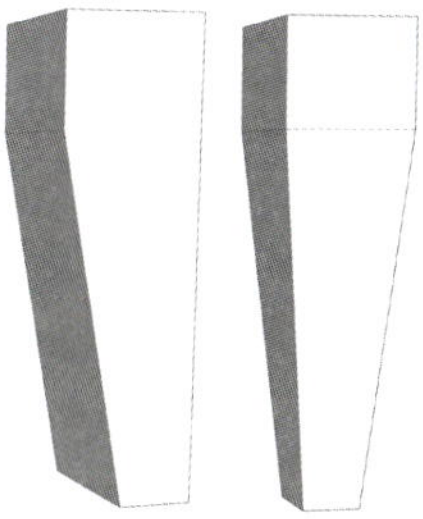

图8-10　方尖腿脚

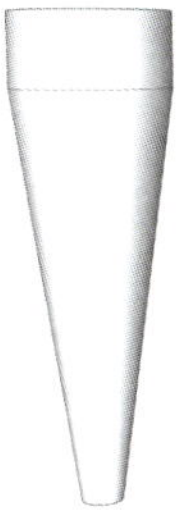

图8-11　圆尖腿脚

（4）圆尖腿脚

圆尖腿脚是圆腿脚的变形，一般都带有锥度，圆形尖削，上大下小，可产生轻巧、活泼的感觉，是现代家具常见的形式，如图8-11所示。

（5）车圆腿脚

车圆腿脚同样是圆腿脚的变形，采用车床车削或旋制的回转体进行加工，使其横断面呈同心、同轴的圆形及圆形变形组合，其造型多样、丰富，是欧式家具中常见的腿型，如图8-12所示。

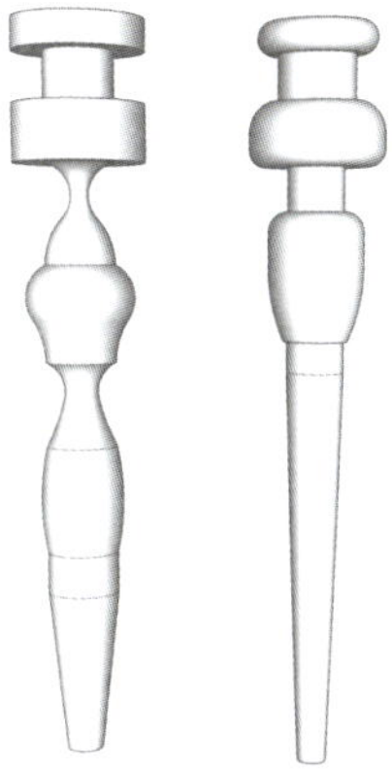

图8-12　车圆腿脚

8.2.2 弯腿脚

弯腿脚（图8-13）是呈向外弯曲的形式，在中外古典家具设计中十分常见，如中国明清古典家具中的鼓腿、马蹄腿、三弯腿，欧式家具中的兽形腿等。它是纵向和横断面均呈复杂外形型面或复杂曲线型体的零件，对木材的强度和耐久性要求较高，其制作难度较大，一般可在仿形铣床上加工。

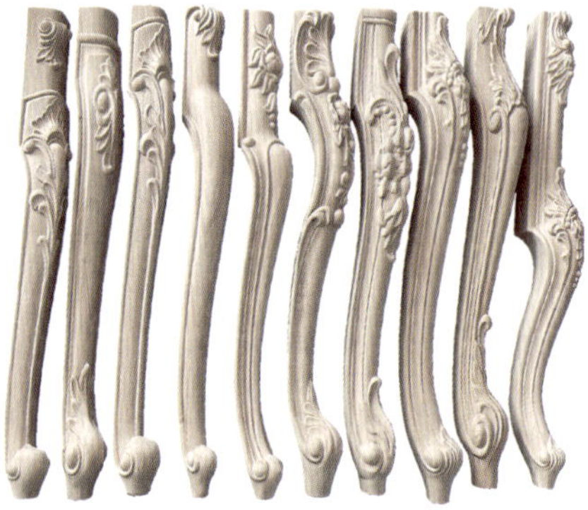

图8-13 弯腿脚

任务实施

任务内容：收集家具腿脚资料并绘制。

实施要求：
1. 可以从网络、书籍或家具实体中采集、收集各类家具腿脚资料，但需要注明资料来源。
2. 收集到的家具腿脚款式不少于20种。
3. 对每款腿脚在家具中的应用进行简要说明，可附家具整体照片。
4. 在收集的腿脚设计中选择10款，手绘临摹至A3图纸中，并拍照放入汇报PPT文件中。
5. 将以上内容整理成PPT文件，要求图文并茂，加入设计理念分析。
6. 准备5min的汇报内容。

任务8.3 家具线型设计

任务引入

线是构成家具形态的重要元素，各种类型的线为家具增添了动感、灵性与意蕴。在项目5家具形态设计中对线的应用进行了分析，该部分内容主要讲解的是通过线元素的搭配与组合形成不同形态的家具及家具情感的表达，然而线的作用还不止于此。本任务仍然围绕线展开，通过家具中的线型设计，了解更多家具装饰的艺术表现形式。

知识链接

家具线型设计要与家具的风格特征、结构特点相结合。

8.3.1　家具表面的线型设计

家具表面线型设计是利用铣槽、镶嵌、拼板等方法对家具表面进行装饰，如图8-14所示。

家具表面线型设计可以增加家具的装饰性、观赏性，为家具平面带来层次感，同时一些典型性的线型设计可以突出家具风格和年代感，成为家具风格定位的关键因素。

图8-14　家具表面的线型设计

8.3.2　家具边沿的线型设计

为了丰富家具外观造型，设计者往往对家具的边沿处进行倒角、切角等线型装饰设计，如图8-15和图8-16所示。家具边沿的线型装饰主要体现在桌台类家具中的面板，柜类家具中的顶板、底板、旁板，坐卧类家具中的座面板、扶手等部位。

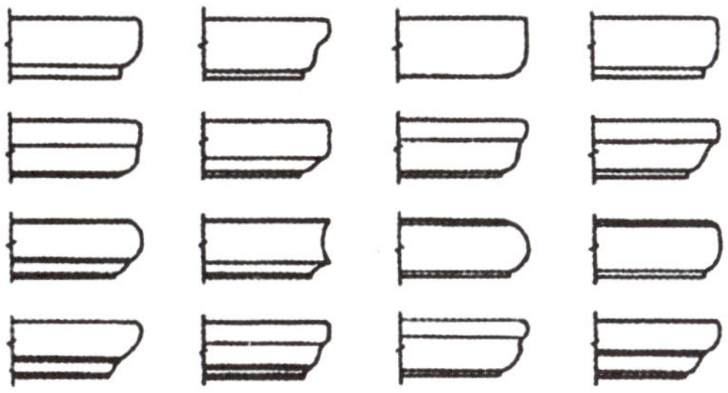

图8-15　家具边沿的线型

图8-16　家具中的边沿线型设计

任务实施

任务内容：收集带有线型的家具设计作品。

实施要求：1. 可以从网络、书籍或家具实体店中采集、收集不同类型的家具设计作品，但需要注明资料来源。

2. 收集到的家具图片不少于10张。

3. 对每款设计中的线型应用进行简要说明。例如：说明此处设计对整体家具造型的意义。

4. 将以上内容整理成PPT文件，要求图文并茂，加入设计理念分析。

5. 准备5min的汇报内容。

任务8.4　家具装饰纹样设计

任务引入

纹样是传统家具中不可缺少的装饰元素，不同的纹样内容反映了不同民族、不同历史时期的文化艺术，在一定程度上为我们了解当时的社会属性和文化信息提供了依据。除了传统家具存在纹样，现代家具中也会出现纹样，可见漂亮的纹样对家具造型设计是十分重要的。本任务是了解我国传统家具中较为常见的纹样类型，并通过对纹样的分析，掌握纹样背后的文化内涵。

知识链接

我国传统家具中有很多丰富的、具有象征意义的装饰纹样，如回纹、云纹、卷草纹、如意纹、竹节纹、海棠纹和各类动植物图案纹样等。这些纹样拥有很多吉祥的寓意，它们栩栩如生的造型装点着家具，为家具增添了极强的艺术气息。

8.4.1　椅背装饰纹样

座椅在中国传统家具中有着重要的地位，它是身份的象征。椅背作为视觉的中心部位，其装饰是不可缺少的，特别是清代家具，繁复的雕刻纹样增添了家具的华丽和庄重感。椅背装饰纹样如图8-17所示。

（a）云纹　（b）喜上眉梢纹　（c）螭龙纹　（d）麒麟纹

图8-17　椅背装饰纹样

8.4.2　牙子装饰纹样

牙子是中国传统家具中不可缺少的部件，它既在承重和加固结构上起到一定作用，又是实现家具丰富多彩艺术魅力不可或缺的配饰。牙子在王世襄先生的《明式家具研究》中注释为："牙条、牙头、角牙、挂牙等各种大小牙子的总称。"

（1）牙条（板）

长而直的牙子称为牙条，常设于面框或束腰下，用于连接两腿，如桌案、椅凳、床榻、柜架中都可能出现牙条。

需要说明，牙条是对平直造型的一种强调，若是泛泛而称，则常用牙板。牙板造型众多，主要有刀牙板、壶门牙板、洼堂肚牙板等，如图8-18所示。

（a）刀牙板　（b）壶门牙板　（c）洼堂肚牙板

图8-18　牙板

（2）牙头

牙头包括两种，一种是牙条两端下垂的部分；另一种是夹头榫牙条以下宽出腿足左右对称的部分。牙头常用的装饰纹样包括卷云纹、卷草纹、灵芝纹和其他各种几何纹等，如图8-19所示。

（a）卷云纹牙头　（b）卷草纹牙头　（c）灵芝纹牙头

（d）拐子纹牙头　（e）螭龙纹牙头

图8-19　牙头

（3）角牙

角牙是指安装在两构件相交成角处的牙子，又称托角牙子，常应用在椅、桌、案、几、柜、架等家具中横、竖材的丁字形交接处，起到固定、防止结构变形的作用。因其纹样丰富，也是很重要的装饰构件，如图8-20所示。

（4）挂牙

挂牙一般指上宽下窄，纵向长度大于横向长度的下垂式牙子，如图8-21所示，在衣

（a）回勾纹角牙　（b）勾云纹角牙

图8-20　角牙

（a）螭龙纹挂牙　（b）缠枝葫芦挂牙

图8-21　挂牙

架、巾架、面盆架等顶杆柱与立柱两侧的交接处多有设置。挂牙一般采用透雕的方式，纹样主要有龙纹、卷草纹、灵芝纹、云纹等。

8.4.3　腿足装饰纹样

中国传统家具的腿部设计以方、圆、扁方、椭圆等形式为主，并根据家具造型要求丰富其线脚，从而获得更好的装饰效果。腿足装饰纹样如图8-22所示。

8.4.4　结子装饰纹样

结子在中国北方地区又称卡子花，是用木块经雕刻后嵌在两横料或竖料中间部位的装饰构件。明清时期家具常采用单圈、双环、方胜、灵芝、团螭、团凤等样式的结子。结子装饰纹样如图8-23所示。

图8-22　腿足装饰纹样

（a）双环结子　（b）云纹结子　（c）团螭纹结子　（d）云龙纹结子

图8-23　结子装饰纹样

任务实施

任务内容：收集中国传统装饰纹样。

实施要求：1. 可以从网络、书籍或家具实体店中采集、收集不同的传统纹样，但需要注明资料来源。

2. 收集的中国传统纹样不少于20款，并将其分类。

3. 将20款纹样描绘在A3图纸中，并配有简短介绍。

4. 准备5min的汇报内容。

任务8.5 灯具装饰设计

任务引入

家具是室内外空间不可缺少的集功能与艺术于一体的陈设物，而灯具也是创造建筑环境的重要因素。不同类型的灯具创造出五彩斑斓、星光熠熠的光影效果烘托空间气氛，如果将家具与灯具合二为一，会创造出怎样的效果呢？本任务是了解家具中的灯具装饰设计。

知识链接

提到照明，我们往往将其局限于空间环境照明。然而在当今社会，照明满足日常使用功能已不再是难事。但灯光与环境的关系不止于此，家具的照明就是其中之一。

家具的照明并非是在家具附近配一盏独立的照明灯具，而是将两者合二为一。随着家具设计的不断发展，人们不仅满足于家具与灯具的功能性，还希望获得更高的精神满足。家具中的灯光设计也在人们对生活和美的事物的不断追求中孕育而生。图8-24为会发光的家具。

图8-25的Morfeo沙发的设计亮点集中在那对似动物眼睛的灯上，这些灯配合简洁而圆润的造型，使家具整体有卡通感、趣味性。除此之外，坐垫还可以拉出来，成为沙发床。

图8-24　会发光的家具

图8-25　Morfeo沙发（床）

图8-26的Bright Woods系列家具名为“明亮的树林”。在该家具中，木纹与木纹之间镂空处形成多条窗口，让放置在椅子内的灯可以透过窗口散发出不同的光，如同树木发出美丽的光线，照亮夜晚的黑暗。

在当下柜类家具设计中，LED灯的用途十分广泛。这些灯可明装也可暗藏，如书架照明、衣柜照明等。图8-27为柜类家具中的灯具设计。

图8-26　Bright Woods系列家具

图8-27　柜类家具中的灯具设计

任务实施

任务内容：收集家具造型设计中常用的装饰灯具类型。

实施要求：1. 可以从网络、书籍或家具实体店中采集、收集，但需要注明资料来源。

2. 将收集到的资料制作在一张A3展板中。

3. 展板可手绘也可通过计算机辅助设计软件完成。

4. 准备5min的汇报内容。

项目拓展　细节决定成败——家具中的细节美学

任务引入

老子《道德经》中有言："天下难事，必作于易；天下大事，必作于细"。每个成功案例的背后都是细节在起决定性作用。在本次项目中，我们学习了家具中的细节，无论是家具的拉手、腿部、线型、装饰纹样还是灯具，都称不上是家具的主体部分，但缺少了这些细节，任何家具都将是不完整的。正如椅子没有了腿、抽屉少了拉手，都无法实现家具本身的功能。细节不仅起到了功能作用，还有很强的装饰性。本项目拓展以中国传统家具中的腿型为例，品味家具中的细节美学。

（1）鼓腿膨牙

鼓腿膨牙是中国传统家具中常见的弧形腿，其基本特点是膨出、内敛、外翻。图8-28为黄花梨鼓腿膨牙藤心榻，该家具的腿部从束腰处膨出，然后向内后收，顺势形成弧形，内部多做内翻马蹄。

（2）马蹄腿

马蹄腿正如其名，其腿部如骏马的腿部一样，竖直、坚挺、有力。若马蹄腿向内，则称为内翻马蹄，像一匹骏马的前蹄；若足头向外，则称为外翻马蹄。马蹄腿造型符合力学要求，线条自然流畅、雄健明快，足尖点地，使家具富有轻盈之感，如图8-29所示。

（3）三弯腿

三弯腿是我国传统家具中较为典型的样式，在家具美学体系中占据重要的艺术价值。三弯腿，又称外翻马蹄腿，整个脚型成S形弯曲，由腿部从束腰处向外膨出，然后再向内收，收到下端又向外兜转，形成三道弯，以此得名“三弯腿”。图8-30为黄花梨束腰三弯腿罗锅枨长方凳。

图8-28　黄花梨鼓腿膨牙藤心榻

图8-29　黄花梨束腰罗锅枨马蹄腿半桌

图8-30　黄花梨束腰三弯腿罗锅枨长方凳

（4）展腿

展腿又称接腿，是明清家具的常见做法。展腿多可开合，后来演变成一种装饰手法，采用一木连作，但仍保留两层足的形式，如图8-31所示。

（5）蚂蚱腿

蚂蚱腿采用仿生的设计手法，其特点是膨出，直线内收、外翻，腿部两侧装饰有倒齿纹，犹如蚂蚱的腿，常见于香几类家具。图8-32为黄花梨蚂蚱腿条桌。

（6）裹腿枨

裹腿枨是一种结构形式，常用于圆腿家具上，又称为包脚，其是指两枨在腿转角处相交，将腿包裹起来。图8-33为黄花梨裹腿双圈卡子花方凳。

图8-31　黄花梨展腿半桌

图8-32　黄花梨蚂蚱腿条桌

图8-33　黄花梨裹腿双圈卡子花方凳

结语

中国家具发展至今，明清时期最为昌盛，在明清古典家具上腿部设计颇为讲究。内要做到四平八稳，外要做到优雅迷人。不同的腿部造型，给家具带来了不同的韵味。古人云："千里之行，始于足下"。可知，这足下的跬步乃是至于千里的基础。经典的家具作品都是匠人们一代代传承发展而成的，没有一蹴而就的成功。脚踏实地、行稳致远，才能铸造有为的明天。

谈一谈

结合家具设计，谈一谈你对细节决定成败的理解。

实战模块

实战模块将以前期项目任务为载体，利用多种材料、结构与工艺，展开点、线、面元素和创意设计家具的造型设计与模型制作。从设计方案起草到设计表达再到模型制作，通过较为完整的家具设计过程，了解家具设计的步骤，掌握家具设计方法。

建议学时：30学时

项目9　点元素家具造型设计与模型制作

项目描述

点元素在家具中的应用十分广泛，既可以通过点的拼凑形成家具实体，也可以将点作为家具中的装饰物、连接件等出现。本项目将以点作为基础元素，展开家具造型设计，并完成模型制作及相应设计表达。

项目目标

1. 掌握点元素收集、整理、分析、提取的方法。
2. 掌握点元素家具设计表达。
3. 掌握点元素家具模型制作方法。

项目计划

项目任务	主要知识点	学时
任务9.1 点元素资料收集	收集、整理、分析、提取	1
任务9.2 点元素家具造型设计	过程、方案起草、设计图、效果图	3
任务9.3 点元素家具模型制作	工具、材料、制作过程	3
项目拓展 点元素家具设计与模型制作学生作品展示	设计评价	1

项目要求

1. 点元素家具资料收集。
2. 点元素家具设计草图（含设计过程性草图和结果性草图）。
3. 点元素家具设计图（三视图）。
4. 点元素家具效果图及模型图片。
5. 点元素家具模型制作视频。

注：1～4项内容需A4横向排版设计、装订，并设计制作项目封皮。

任务9.1　点元素资料收集

任务书

<table>
<tr><th>项目</th><th colspan="2">点元素家具造型设计与模型制作</th><th>总学时</th><th>8</th></tr>
<tr><th>任务</th><th colspan="2">任务9.1　点元素资料收集</th><th>学时</th><th>1</th></tr>
<tr><td rowspan="3">任务目标</td><td>能力目标</td><td colspan="3">（1）具备观察生活、发现生活中美的能力。
（2）具备家具中点元素的提取能力。
（3）具备资料收集、整理、分析能力</td></tr>
<tr><td>知识目标</td><td colspan="3">（1）掌握点元素收集、整理、分析的方法。
（2）掌握家具中点元素的提取方式。
（3）掌握资料排版设计的方法</td></tr>
<tr><td>素质目标</td><td colspan="3">（1）培养良好的学习习惯和做事态度。
（2）培养热爱自然、善于观察的素养。
（3）培养将观察到的有趣、有用事物记录下来的习惯</td></tr>
<tr><td>任务要求</td><td colspan="4">（1）点元素收集部分：观察身边事物，收集不少于20种具有点元素特征的实物，并对其进行整理、归类与分析。
（2）点元素家具收集与元素提取部分：收集不少于5种来自家具设计中的点元素，并对其进行简要说明，提取元素内容。
注：收集内容可以自行拍摄或从网络、书籍中摘取，但需要注明图片来源</td></tr>
<tr><td>提交内容</td><td colspan="4">（1）资料收集部分需完成汇报PPT文件一份，汇报时长5～10min。
（2）利用办公软件或计算机辅助设计手段将点元素家具设计相关资料进行整理、归类与分析。资料收集部分需A4（297mm×210mm）图幅横向排版、打印</td></tr>
<tr><td>考核标准</td><td colspan="4">（1）资料收集部分要求图文并茂，加入主观设计鉴赏。
（2）资料收集编辑条理清晰</td></tr>
<tr><td>考核评价</td><td colspan="4"></td></tr>
</table>

9.1.1　点元素收集

自然界中的点元素很多，设计者们可以通过收集这些点来获取设计灵感，或者将这些点直接应用到设计中，从而获得更好的设计效果。图9-1为自然界中的一些点元素，这些点形态各异、色彩多样，合理地将它们运用到各类设计中可以创造意想不到的效果。

图9-1　自然界中的点元素

9.1.2　点元素家具收集与元素提取

（1）Up5-6沙发

此款沙发有一个很温暖的名字——“妈妈的怀抱”。人坐在上面身体完全和沙发表面贴合，让使用者瞬间感受到温馨舒适，犹如童年时躺在妈妈的怀抱中。沙发采用子母组合设计，脚踏的球与沙发主体连接在一起，切合设计主题，如图9-2所示。

点元素在Up5-6沙发中有所应用，如脚踏的球体是以单点元素形式出现在设计中的。

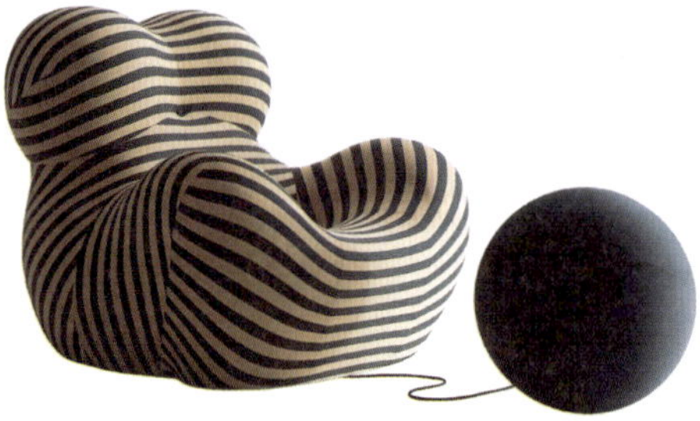

图9-2　Up5-6沙发

（2）Neuron沙发

Neuron译为“神经元”，Neuron沙发是充满艺术感的设计作品。该沙发的线型金属不规则地连接形成了网状骨架，托举着柔软的织物球体，让整件家具具有很强的视觉冲击力，如图9-3所示。

点元素在Neuron沙发中的应用很多，沙发座面大小不一的球体相互紧贴、融合、连接，让一个个点元素充斥在整个设计中。看似独立的点其实是相互融合成一体的。

图9-3　Neuron沙发

（3）龙纹灯挂椅

龙纹灯挂椅造型变化丰富，整体挺拔向上，简洁清秀，是明代代表性的家具类别，如图9-4所示。灯挂椅是一件采用模拟形式美法则设计的作品。灯挂是靠背椅的一种款式，其搭脑两端挑出，因其造型好似南方挂在灶壁上用以承托油灯灯盏的竹制灯挂而得名。

龙纹图案雕刻在椅背上方三分之一处，作为此款家具的点元素存在，起到画龙点睛的作用。

图9-4　龙纹灯挂椅

任务9.2　点元素家具造型设计

任务书

<table>
<tr><th>项目</th><th colspan="2">点元素家具造型设计与模型制作</th><th>总学时</th><th>8</th></tr>
<tr><th>任务</th><th colspan="2">任务9.2　点元素家具造型设计</th><th>学时</th><th>3</th></tr>
<tr><td rowspan="3">任务目标</td><td>能力目标</td><td colspan="3">（1）具备点元素家具设计能力。
（2）具备形体设计分析能力。
（3）具备手绘表现能力。
（4）具备计算机辅助设计软件应用能力</td></tr>
<tr><td>知识目标</td><td colspan="3">（1）掌握点元素提取与变形。
（2）掌握家具形体的设计与分析。
（3）掌握家具设计方案起草及设计表达</td></tr>
<tr><td>素质目标</td><td colspan="3">（1）培养学生创意思维能力。
（2）培养学生设计分析、审美能力。
（3）培养学生利用各类方法将设计方案呈现的能力</td></tr>
<tr><td>任务要求</td><td colspan="4">（1）设计内容：自选家具种类。
（2）采用元素：点元素。
（3）功能尺寸要求：参照人体工程学相关尺寸要求</td></tr>
</table>

续表

项目	点元素家具造型设计与模型制作	总学时	8
任务	任务9.2　点元素家具造型设计	学时	3
提交内容	（1）完成点元素家具设计方案草图，草图中需体现点元素的选取与变形过程；设计草图可通过正视图、轴测图、透视图等任意一种或多种表现形式较为完整地展现家具全貌。 （2）利用AutoCAD软件完成点元素家具设计图。 （3）利用三维设计软件完成点元素家具效果图。 （4）以上内容全部A4纸横向排版、绘图、出图		
考核标准	（1）设计草图清晰全面地展现家具造型的全貌。 （2）设计草图体现设计思维的发展过程。 （3）设计图对重要功能进行尺寸标注。 （4）设计效果图应最大化地表现家具全貌		
考核评价			

9.2.1　设计定位

设计内容：一件单人用沙发。

采用元素：点元素。

设计定位：软体、彩色沙发，可满足会客、阅读等使用。

功能尺寸要求：参考项目4中的表4-1和图4-2。

9.2.2　方案设计

（1）点元素提取与变形设计

本次方案选取的点元素是圆形点。点的形态是相对的，针对一件单体沙发而言，点的形态可以适当变大，并且在圆形的基础上做切割和组合。从小圆点到大圆点再到分割点，由平面点到立体点，由单点到组合点，如图9-5所示。在多种点元素的配合下，找到符合设计造型要求的组合形式。

（2）沙发形体设计

无论多么复杂的形体，都是由若干个基本体通过组合、切割或混合而成的。本次设计定位为一款单人用沙发，因此在设计基本形体时是从正方体开始入手，并通过不断变形，演化成最终确定的家具基本形体，如图9-6所示。

（3）沙发方案草图

在前期点元素提取、变形及沙发形体设计的基础上，将两者设计元素合二为一，形成符合任务要求的点元素家具造型设计方案，如图9-7所示。

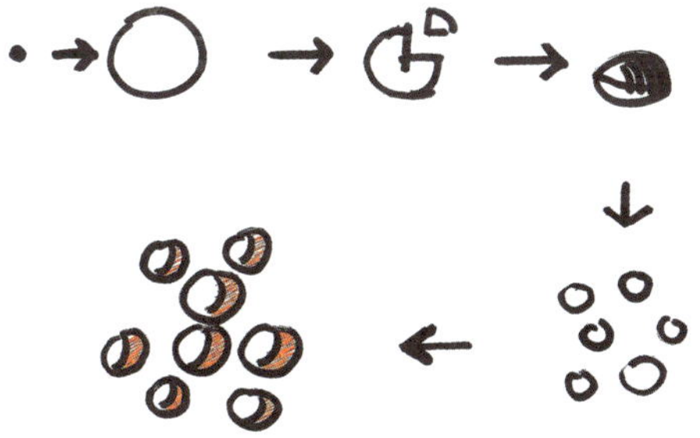

图9-5　点元素变形设计

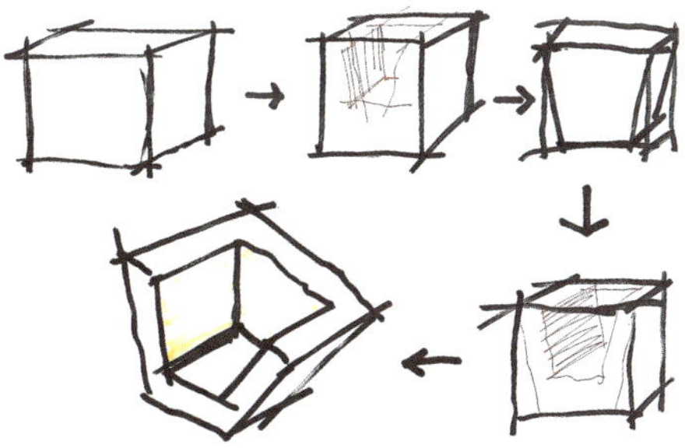

图9-6　沙发形体设计

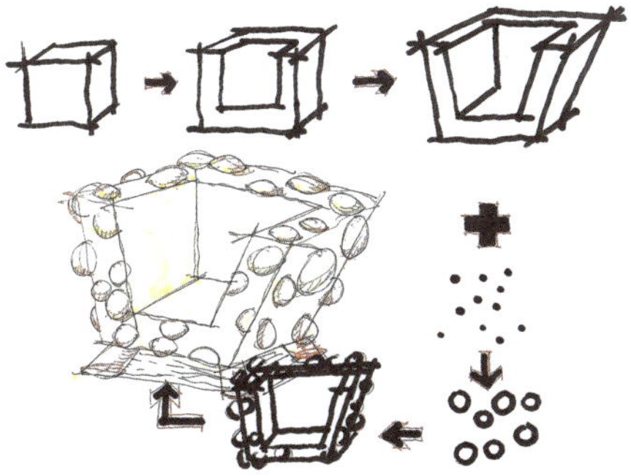

图9-7　点元素沙发方案草图

9.2.3　设计表达

（1）点元素家具设计图

根据沙发人体工程学功能尺寸要求，确定本次设计方案的基础功能尺寸，并完成设计图的绘制，如图9-8所示。

（2）点元素家具效果图

本次方案效果图绘制采用计算机辅助设计软件3DMAX和VRay。通过材质调节，可以变换不同的色彩和质感，为家具材料、色彩搭配等提供更多参考，如图9-9所示。

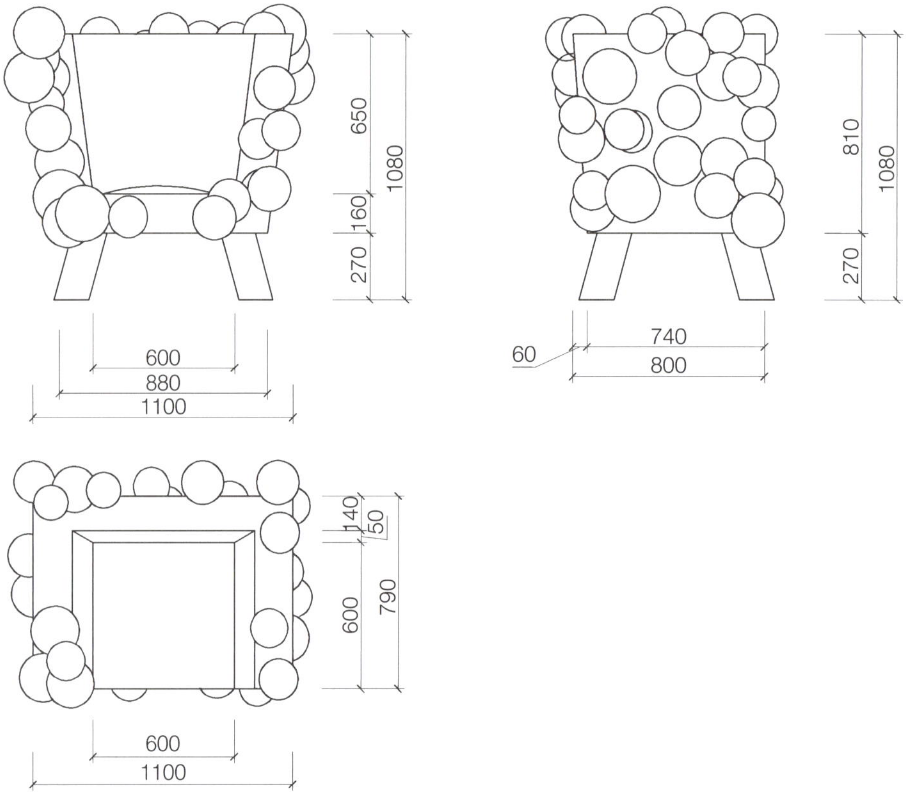

图9-8　点元素沙发设计图（单位：mm）

图9-9　点元素沙发效果图

任务9.3　点元素家具模型制作

任务书

项目	点元素家具造型设计与模型制作	总学时	8
任务	任务9.3　点元素家具模型制作	学时	3
任务目标	能力目标	（1）具备材料发掘和利用能力。 （2）具备模型工具的使用能力。 （3）具备对设计图的还原和表达能力	
	知识目标	（1）了解模型制作常用工具。 （2）掌握家具模型制作方法。 （3）掌握不同材料之间的连接方式	
	素质目标	（1）培养认真、细致的学习态度。 （2）培养动手制作能力，逐步树立匠人精神。 （3）培养洞察能力	
任务要求	（1）制作内容：与任务9.2设计内容相同。 （2）采用元素：点元素。 （3）制作用材：自选材料，可选用非家具常用材料		
提交内容	（1）完成点元素家具模型制作。 （2）利用手机、相机、录像机等拍摄设备记录模型制作全过程，并制作成短视频。 （3）编辑制作步骤，并将步骤图文并茂地排版于A4横版纸上		
考核标准	（1）模型制作选材合理。 （2）可以熟练地掌握各类工具的使用方法。 （3）模型与原设计基本一致。 （4）模型制作流程详尽、清晰。 （5）模型制作视频拍摄清晰，编辑合理，有一定的视觉观赏性		
考核评价			

9.3.1　模型制作材料

生活中有很多点状元素，如纽扣、泡沫球、硬币、糖果、各种果实及种子等，这些物品都可以成为点元素家具模型制作的用材。

本次项目实施演示中，选取的是经过加工后形成的不规则点状形体。模型制作主要用材及工具（图9-10）如下。

材料：花泥、彩色羊毛、木棒。

工具：胶枪、胶棒、戳针、裁纸刀、小台锯（可用裁纸刀代替）。

图9-10　点元素家具模型制作材料及工具

9.3.2　模型制作步骤

步骤1：点元素的制作。将花泥切割成大小和形态各异的点状形体，如图9-11所示。

图9-11　点元素的制作

步骤2：点元素沙发主体的制作。将花泥切割成沙发主体的V字形态，如图9-12所示。

步骤3：点元素与沙发主体的结合。将点粘贴到沙发主体上，粘贴过程中需要注意点与点的位置关系，做到疏密有度，如图9-13所示。

图9-12　点元素沙发主体的制作

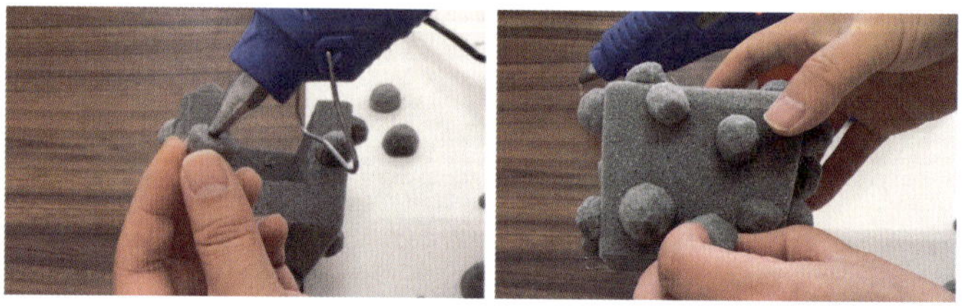

图9-13　点元素与沙发主体的结合

步骤4：彩色羊毛装饰沙发表面。羊毛平铺在修整后的沙发形体上，用戳针将羊毛与花泥紧密结合，如图9-14所示。

步骤5：制作沙发腿脚。用小台锯成角度地切割4段长短相等的圆棒作为沙发腿脚，如图9-15所示。

步骤6：用胶将木质腿脚与沙发底面相连接，如图9-16所示。

图9-14　彩色羊毛装饰沙发表面

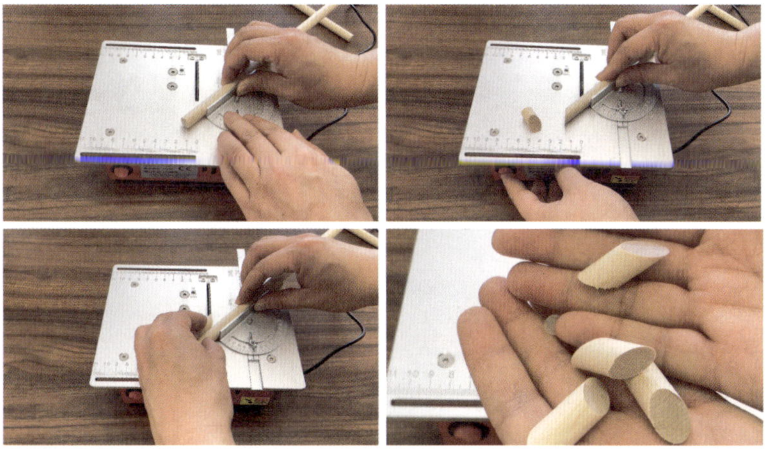

图9-15　制作沙发腿脚

图9-16　沙发腿脚与沙发主体连接

步骤7：成品展示，如图9-17所示。

图9-17　点元素家具模型制作成品展示

项目拓展　点元素家具设计与模型制作学生作品展示

作品一：圆点沙发（图9-18）。模型用材：花泥、羊毛。

图9-18　圆点沙发

作品二：懒人沙发（图9-19）。模型用材：羊毛。

图9-19　懒人沙发

作品三：沙发椅（图9-20）。模型用材：羊毛。

图9-20　沙发椅

项目10 线元素家具造型设计与模型制作

项目描述

用线元素构成的家具形式多样，设计表情丰富。例如，以直线为主的家具刚直、挺拔；以曲线为主的家具温婉、柔美……线元素可以构成家具的主体，也能够成为家具的点缀。本项目将以线作为基础元素，展开家具造型设计，并完成模型制作及相应设计表达。

项目目标

1. 掌握线元素收集、整理、分析、提取的方法。
2. 掌握线元素家具设计表达。
3. 掌握线元素家具模型制作方法。

项目计划

项目任务	主要知识点	学时
任务10.1 线元素资料收集	收集、整理、分析、提取	1
任务10.2 线元素家具造型设计	过程、方案起草、设计图、效果图	3
任务10.3 线元素家具模型制作	工具、材料、制作过程	3
项目拓展 线元素家具设计与模型制作学生作品展示	设计评价	1

项目要求

1. 线元素家具资料收集。
2. 线元素家具设计草图（含设计过程性草图和结果性草图）。
3. 线元素家具设计图（三视图）。
4. 线元素家具效果图及模型图片。
5. 线元素家具模型制作视频。

注：1～4项内容需A4横向排版设计、装订，并设计制作项目封皮。

任务10.1 线元素资料收集

任务书

<table>
<tr><td>项目</td><td colspan="2">线元素家具造型设计与模型制作</td><td>总学时</td><td>8</td></tr>
<tr><td>任务</td><td colspan="2">任务10.1 线元素资料收集</td><td>学时</td><td>1</td></tr>
<tr><td rowspan="3">任务目标</td><td>能力目标</td><td colspan="3">（1）具备发现、观察、分析身边可获得设计灵感事物的能力。
（2）具备家具中线元素的提取能力。
（3）具备资料收集、整理、分析能力</td></tr>
<tr><td>知识目标</td><td colspan="3">（1）掌握线元素收集、整理、分析的方法。
（2）掌握家具中线元素的提取方式，并对其进行设计分析。
（3）掌握资料排版设计的方法</td></tr>
<tr><td>素质目标</td><td colspan="3">（1）具备认真、一丝不苟的学习态度。
（2）培养热爱自然、善于观察的素养。
（3）培养将观察到的有趣、有用事物记录下来的习惯</td></tr>
<tr><td>任务要求</td><td colspan="4">（1）线元素收集部分：观察生活，收集不少于20种线元素，并对其进行整理、归类与分析。
（2）线元素家具收集与元素提取部分：收集不少于5种来自家具设计中的线元素，并对其进行简要说明，提取元素内容。
注：收集内容可以自行拍摄或从网络、书籍中摘取，但需要注明图片来源</td></tr>
<tr><td>提交内容</td><td colspan="4">（1）资料收集部分需完成汇报PPT文件一份，汇报时长5～10min。
（2）利用办公软件或计算机辅助设计手段将线元素家具设计相关资料进行整理、归类与分析。资料收集部分需A4（297mm×210mm）图幅横向排版、打印</td></tr>
<tr><td>考核标准</td><td colspan="4">（1）资料收集部分要求图文并茂，加入主观设计鉴赏分析。
（2）资料收集编辑条理清晰</td></tr>
<tr><td>考核评价</td><td colspan="4"></td></tr>
</table>

10.1.1 线元素收集

线元素充斥于我们生活的各个角落，自然界中的线元素包括连绵起伏的山脉、潺潺的溪流、如丝的叶脉等。生活中除了天然的线元素外，还有很多人工线元素，如城市的道路、纺织的线、耸立的高压线等。线元素如图10-1所示。

图10-1　线元素

10.1.2　线元素家具收集与元素提取

（1）Ekstrem座椅

Ekstrem座椅是来自挪威的家具。该家具设计在造型上富有挑战性，它可以让使用者充分发挥各自的想象力，从而挖掘出多种坐法。该座椅在结构上用钢管做骨架，包覆发泡聚氨酯，外层包裹不同颜色、质地的织物，如图10-2所示。

线元素组合构成了Ekstrem座椅的整体造型。靠背和座面处线元素的汇集，让使用者背部和臀部可以与椅面完全贴合；线元素的分解形成独立的椅腿，稳固支撑整体座椅。独特造型和人体工程学结合在一起，趣味十足的同时坐感也很舒适。

（2）Wassily座椅

Wassily座椅是由设计师马歇尔·拉尤斯·布劳耶（Marcel Lajos Breuer）于1925年设计的第一把钢管皮革椅，如图10-3所示。Wassily座椅自诞生之日起，就成为包豪斯产品设计的代表。它颠覆了传统座椅的造型，开创性地采用电镀无缝钢管取代了传统座椅通常采用的木材，并且实现了批量化生产。

Wassily座椅整体用线元素钢管围合构成座椅的框架，既简洁又现代。虽然Wassily座椅设计至今已将近100年，但它仍然符合当下人们的审美标准。

图10-2　Ekstrem座椅

图10-3　Wassily座椅

（3）梳背椅

图10-4为清早期黄花梨梳背椅，其靠背和扶手之内都装有形似梳齿的直棂，因此被称作梳背椅。梳背椅圆材直棂的靠背设计来源于当时建筑中门窗的柳条式户槅设计。由此可见，中国古典家具设计离不开建筑的影响。

线元素在梳背椅中主要体现在靠背和扶手内的圆材直棂上，直棂均匀排列，体现了中国古典家具的秩序美。

图10-4　梳背椅

任务10.2　线元素家具造型设计

任务书

<table>
<tr><th>项目</th><th colspan="2">线元素家具造型设计与模型制作</th><th>总学时</th><th>8</th></tr>
<tr><th>任务</th><th colspan="2">任务10.2　线元素家具造型设计</th><th>学时</th><th>3</th></tr>
<tr><td rowspan="3">任务目标</td><td>能力目标</td><td colspan="3">（1）具备线元素家具设计能力。
（2）具备形体设计分析能力。
（3）具备手绘表现能力。
（4）具备计算机辅助设计软件应用能力</td></tr>
<tr><td>知识目标</td><td colspan="3">（1）掌握线元素提取与变形。
（2）掌握家具形体的设计与分析。
（3）掌握家具设计方案起草及设计表达</td></tr>
<tr><td>素质目标</td><td colspan="3">（1）培养学生创意思维能力。
（2）培养学生设计分析、审美能力。
（3）培养学生利用各类方法将设计方案呈现的能力</td></tr>
<tr><td>任务要求</td><td colspan="4">（1）设计内容：座椅设计。
（2）采用元素：线元素。
（3）功能尺寸要求：参照座椅设计人体工程学相关尺寸要求</td></tr>
</table>

续表

项目	线元素家具造型设计与模型制作	总学时	8
任务	任务10.2　线元素家具造型设计	学时	3
提交内容	（1）完成线元素家具设计方案草图，草图中需体现线元素的选取与变形过程；设计草图可通过正视图、轴测图、透视图等任意一种或多种表现形式较为完整地展现家具全貌。 （2）利用AutoCAD软件完成线元素家具设计图。 （3）利用三维设计软件完成线元素家具效果图。 （4）以上内容全部A4纸横向排版、绘图、出图		
考核标准	（1）设计草图清晰全面地展示家具造型的全貌。 （2）设计草图体现设计思维的发展过程。 （3）设计图对重要功能进行尺寸标注。 （4）设计效果图应最大化地表现家具全貌		
考核评价			

10.2.1　设计定位

设计内容：一件单人用扶手椅。

采用元素：线元素。

设计定位：可满足办公、学习使用。

功能尺寸要求：参考项目4中的表4-2和图4-6。

10.2.2　方案设计

（1）线元素提取与变形设计

本次方案将以线为主要元素，通过线的弯曲变形形成座椅基础造型。首先，定义外轮廓尺寸，在此轮廓基础内随意进行曲线绘制，如图10-5（a）所示；然后，在众多的曲线中找到适合座椅侧面轮廓的线条，并将其提取、归纳、整理，形成座椅侧面造型，如图10-5（b）所示；最后，根据侧面造型展开座椅细节设计。

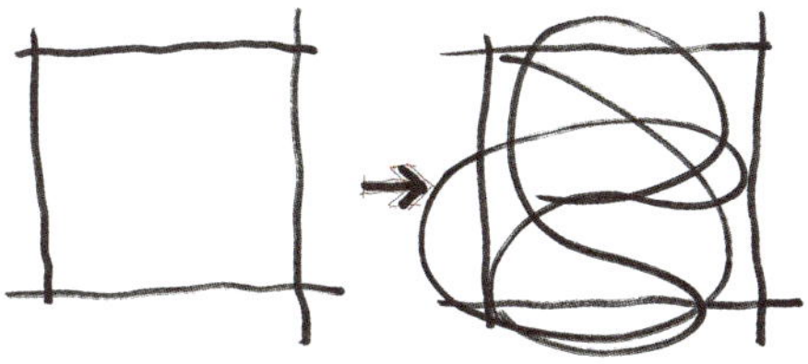

（a）外轮廓及自定义曲线

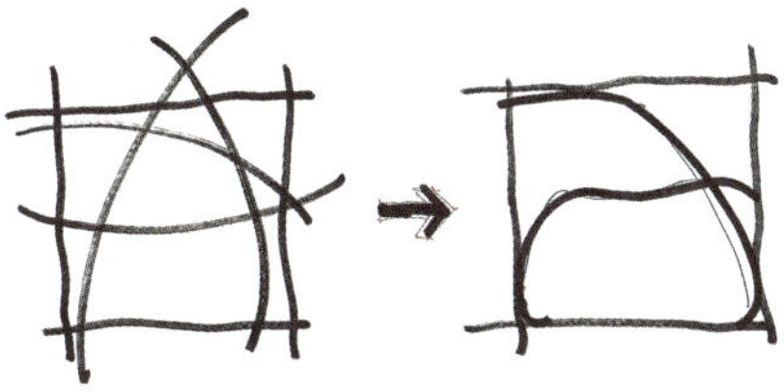

（b）线元素提取、归纳、整理

图10-5　线元素变形设计

（2）扶手椅方案草图

在前期线元素提取、变形形成座椅侧面轮廓的基础上，进行座椅整体设计，细化扶手、靠背、座面等部位。线元素扶手椅方案草图如图10-6所示。

图10-6　线元素扶手椅方案草图

10.2.3　设计表达

（1）线元素家具设计图

根据扶手椅人体工程学功能尺寸要求，确定本次设计方案的基础功能尺寸，并完成设计图的绘制，如图10-7所示。

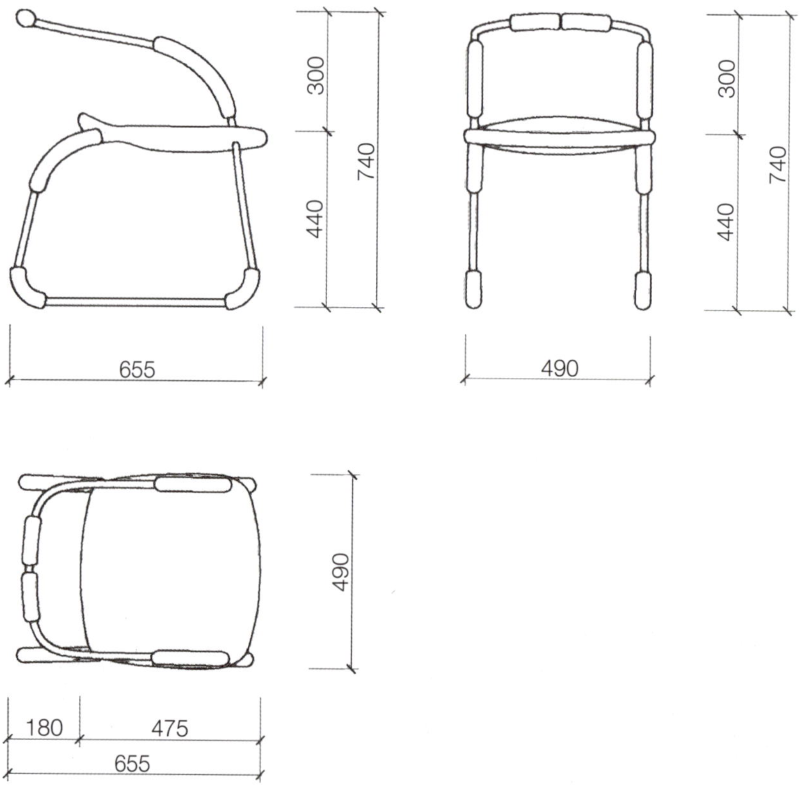

图10-7　线元素扶手椅设计图（单位：mm）

（2）线元素家具效果图

本次方案效果图绘制采用计算机辅助设计软件3DMAX和VRay。通过材质调节，可以变换扶手、座面的材料，以得到更多可能的色彩和质感，为最佳方案的选择提供更多参考。线元素扶手椅效果图如图10-8所示。

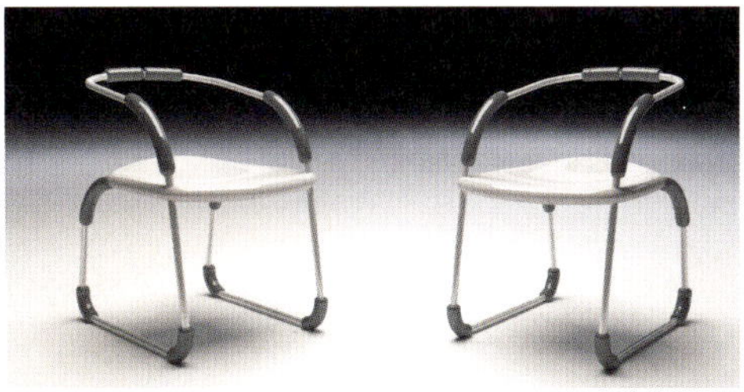

图10-8　线元素扶手椅效果图

任务10.3　线元素家具模型制作

任务书

<table>
<tr><th>项目</th><th colspan="2">线元素家具造型设计与模型制作</th><th>总学时</th><th>8</th></tr>
<tr><th>任务</th><th colspan="2">任务10.3　线元素家具模型制作</th><th>学时</th><th>3</th></tr>
<tr><td rowspan="3">任务目标</td><td>能力目标</td><td colspan="3">（1）具备材料发掘和利用能力。
（2）具备模型工具的使用能力。
（3）具备对设计图的还原和表达能力</td></tr>
<tr><td>知识目标</td><td colspan="3">（1）了解模型制作常用工具。
（2）掌握家具模型制作方法。
（3）掌握不同材料之间的连接方式</td></tr>
<tr><td>素质目标</td><td colspan="3">（1）培养认真、细致的学习态度。
（2）培养动手制作能力，逐步树立匠人精神。
（3）培养洞察能力</td></tr>
<tr><td>任务要求</td><td colspan="4">（1）制作内容：与任务10.2设计内容相同。
（2）采用元素：线元素。
（3）制作用材：自选材料，可选用非家具常用材料</td></tr>
<tr><td>提交内容</td><td colspan="4">（1）完成线元素家具模型制作。
（2）利用手机、相机、录像机等拍摄设备记录模型制作全过程，并制作成短视频。
（3）编辑制作步骤，并将步骤图文并茂地排版于A4横版纸上</td></tr>
<tr><td>考核标准</td><td colspan="4">（1）模型制作选材合理。
（2）可以熟练地掌握各类工具的使用方法。
（3）模型与原设计基本一致。
（4）模型制作流程详尽、清晰。
（5）模型制作视频拍摄清晰，编辑合理，有一定的视觉观赏性</td></tr>
<tr><td>考核评价</td><td colspan="4"></td></tr>
</table>

10.3.1　模型制作材料

生活中的线型元素有很多，如毛线、充电线、铁丝、竹藤条等，这些物品都可以成为线元素家具模型制作的用材。

本次项目主要用材及工具（图10-9）如下。

材料：ϕ1铁丝、ϕ3铁丝、软陶泥。

工具：剪刀、钳子。

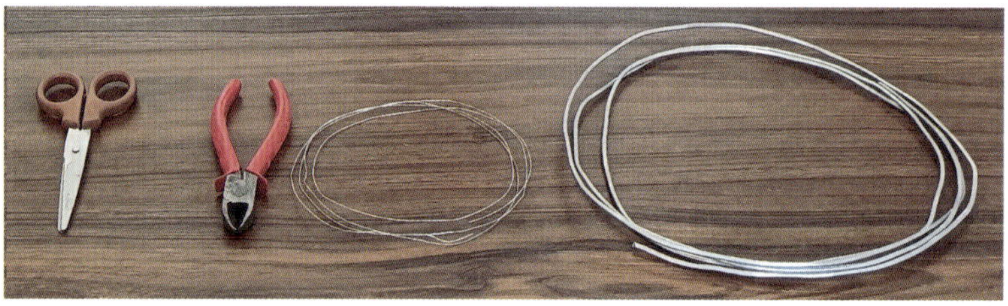

图10-9　线元素家具模型制作材料及工具

10.3.2　模型制作步骤

步骤1：扶手椅主体框架制作。用钳子截取30cm左右的ϕ3铁丝，将其弯折成扶手椅主体框架，如图10-10所示。

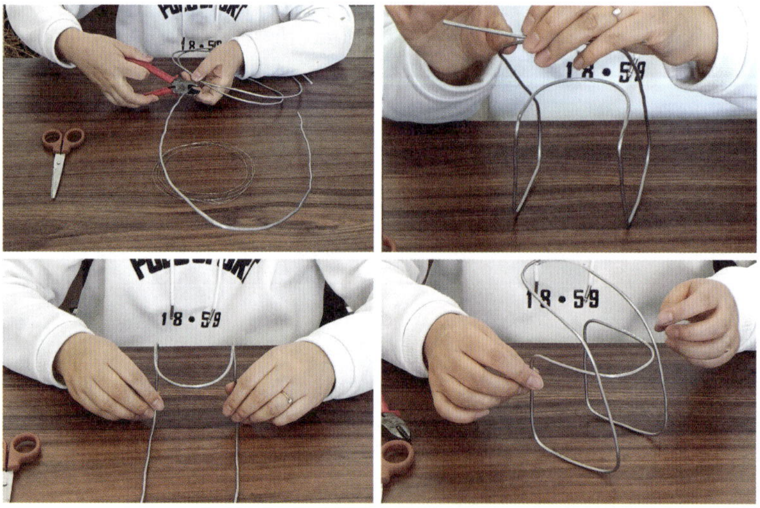

图10-10　扶手椅主体框架制作

步骤2：扶手椅座面制作。用ϕ1铁丝编制扶手椅座面，如图10-11所示。

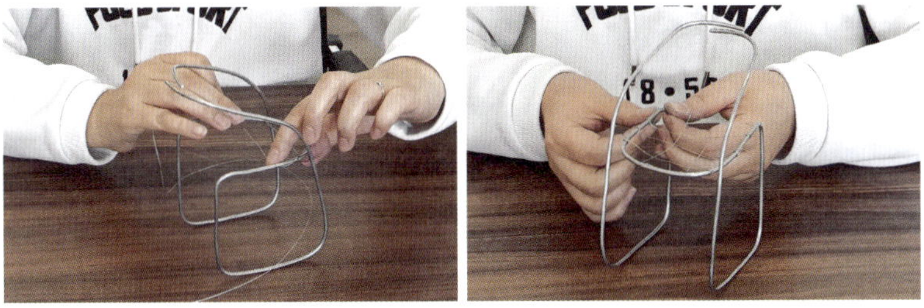

图10-11　扶手椅座面制作

步骤3：扶手椅靠背、扶手制作。选取一部分软陶泥，搓制成长条形固定在靠背及扶手部位的ϕ3铁丝上，如图10-12所示。

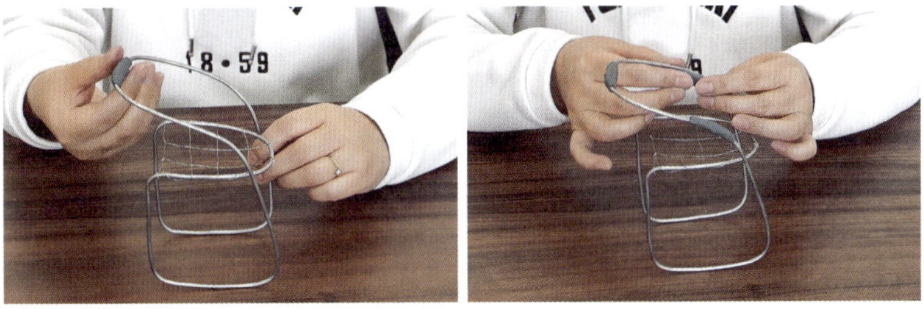

图10-12　扶手椅靠背、扶手制作

步骤4：成品展示，如图10-13所示。

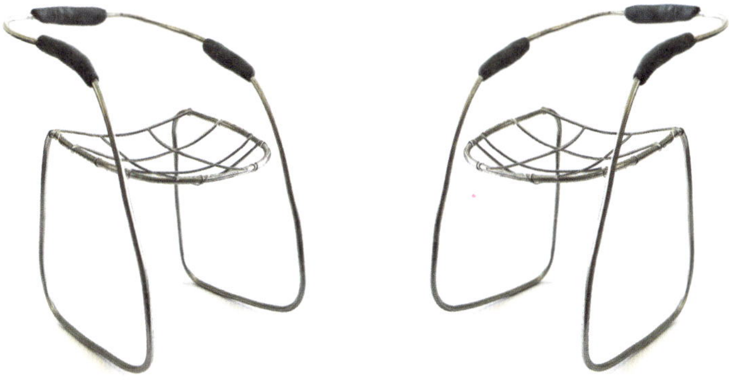

图10-13　扶手椅成品展示

项目拓展　线元素家具设计与模型制作学生作品展示

作品一：网状椅（图10-14）。模型用材：ϕ1铁丝、ϕ3铁丝、软陶泥。

作品二：毛线靠背椅（图10-15）。模型用材：木棍、彩色毛线。

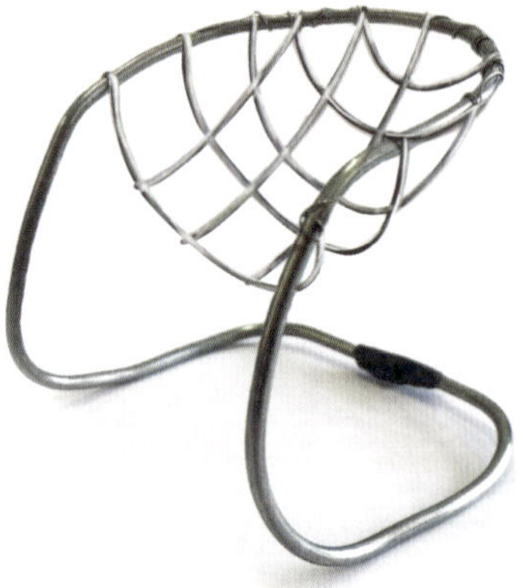

图10-14　网状椅

图10-15　毛线靠背椅

作品三：鸟巢休闲沙发（图10-16）。模型用材：油绳、皮绳。

图10-16　鸟巢休闲沙发

作品四：铁丝靠背椅（图10-17）。模型用材：铁丝。

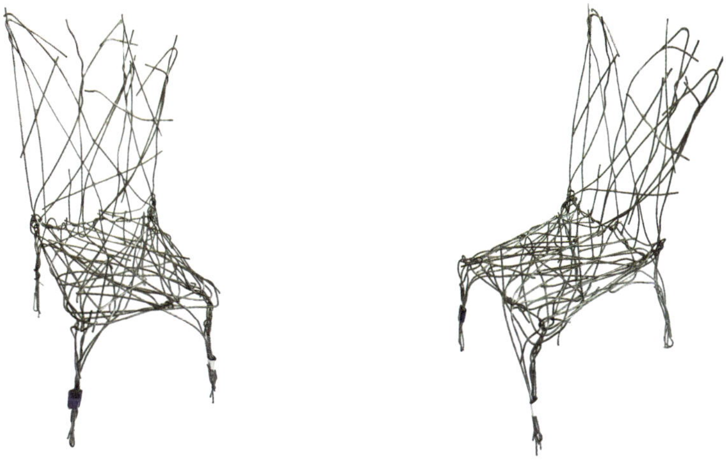

图10-17　铁丝靠背椅

作品五：鸟巢椅（图10-18）。模型用材：铁丝、木棒。

图10-18　鸟巢椅

项目11 面元素家具造型设计与模型制作

项目描述

面是构成家具的基础条件，如桌子有桌面、椅子有座面、柜子有门面……大部分的家具无论是以什么为主要元素，最终都会有面的体现。当然，面本身也是家具设计中的常用元素之一。本项目将选取一件以面作为主要元素的经典家具设计作品，在进行设计分析的基础上完成设计表达及模型制作。

项目目标

1. 掌握面元素收集、整理、分析、提取的方法。
2. 掌握红蓝椅的设计表达。
3. 掌握红蓝椅模型制作方法。

项目计划

项目任务	主要知识点	学时
任务11.1 面元素资料收集	收集、整理、分析、提取	1
任务11.2 致敬经典——红蓝椅造型分析与设计表达	造型分析、设计图、效果图	3
任务11.3 致敬经典——红蓝椅模型制作	工具、材料、制作过程	3
项目拓展 面元素家具设计与模型制作学生作品展示	设计评价	1

项目要求

1. 面元素家具资料收集。
2. 红蓝椅设计图（三视图）。
3. 红蓝椅效果图及模型图片。
4. 红蓝椅模型制作视频。

注：1～3项内容需A4横向排版设计、装订，并设计制作项目封皮。

任务11.1　面元素资料收集

任务书

<table>
<tr><th>项目</th><th colspan="2">面元素家具造型设计与模型制作</th><th>总学时</th><th>8</th></tr>
<tr><th>任务</th><th colspan="2">任务11.1　面元素资料收集</th><th>学时</th><th>1</th></tr>
<tr><td rowspan="3">任务目标</td><td>能力目标</td><td colspan="3">（1）具备发现、观察、分析身边可获得设计灵感事物的能力。
（2）具备家具中面元素的提取能力。
（3）具备资料收集、整理、分析能力</td></tr>
<tr><td>知识目标</td><td colspan="3">（1）掌握面元素收集、整理、分析的方法。
（2）能够找到家具中的面元素，并对其进行设计分析。
（3）掌握资料排版设计的方法</td></tr>
<tr><td>素质目标</td><td colspan="3">（1）培养良好的学习习惯和做事态度。
（2）培养热爱自然、善于观察的素养。
（3）培养将观察到的有趣、有用事物记录下来的习惯</td></tr>
<tr><td>任务要求</td><td colspan="4">（1）面元素收集部分：观察生活，收集不少于20种面元素，并对其进行整理、归类与分析。
（2）面元素家具收集与元素提取部分：收集不少于5种来自家具设计中的面元素，并对其进行简要说明，提取元素内容。
注：收集内容可以自行拍摄或从网络、书籍中摘取，但需要注明图片来源</td></tr>
<tr><td>提交内容</td><td colspan="4">（1）资料收集部分需完成汇报PPT文件一份，汇报时长5～10min。
（2）利用办公软件或计算机辅助设计手段将面元素家具设计相关资料进行整理、归类与分析。资料收集部分需A4（297mm×210mm）图幅横向排版、打印</td></tr>
<tr><td>考核标准</td><td colspan="4">（1）资料收集部分要求图文并茂，加入主观设计鉴赏分析。
（2）资料收集编辑条理清晰</td></tr>
<tr><td>考核评价</td><td colspan="4"></td></tr>
</table>

11.1.1　面元素收集

面元素可以通过点的排列、线的组合来呈现，当然面本身也是构成形体的主要元素。平面、曲面、几何形面、非几何形面等，不同形态的面构成了造型迥异的设计作品。生活中的面元素有很多，如平静的湖面、宽广的草地、建筑的墙壁、花色艳丽的地毯等，如图11-1所示。

图11-1　生活中的面元素

11.1.2　面元素家具收集与元素提取

（1）Shell Chair

Shell Chair直译为贝壳椅，是丹麦设计师汉斯·J·瓦格纳（Hans·J·Wegner）的代表作，也是著名的胶合板经典家具之一，如图11-2所示。胶合板弯曲形成带有弧度的座面，从正面看好似温暖的微笑，因此该椅又名微笑椅。

面元素主要体现在靠背和座面位置。翼状椅面和弧形靠背以及三个拱形腿支撑，使家具整体精致轻盈、简约大方。

图11-2　Shell Chair（贝壳椅）

（2）Etcetera椅

Etcetera椅是由瑞士设计师简·埃克塞柳斯（Jan Ekselius）于1970年设计的具有太空时代感的躺椅，如图11-3所示。

Etcetera椅通过面的弯曲形成了座椅的靠背、座面、脚踏等部位，连贯的曲面让整体造型简洁、大方、个性十足。

图11-3　Etcetera椅

（3）中式屏风

屏风是中国传统建筑物内部挡风用

的一种家具，所谓“屏其风也”。屏风作为传统家具的重要组成部分，历史由来已久。屏风一般陈设于室内的显著位置，起到分隔、美化、挡风、协调等作用，其与古典家具相互辉映、相得益彰。

图11-4为清乾隆时期的紫檀嵌玻璃画宝座屏风，面元素在此屏风中的体现主要来源于屏风中大面积的玻璃画。

图11-4　清乾隆时期的紫檀嵌玻璃画宝座屏风

任务11.2　致敬经典——红蓝椅造型分析与设计表达

任务书

项目	面元素家具造型设计与模型制作		总学时	8
任务	任务11.2　致敬经典——红蓝椅造型分析与设计表达		学时	3
任务目标	能力目标	（1）具备家具造型分析能力。 （2）具备手绘表现能力。 （3）具备计算机辅助设计软件应用能力		
	知识目标	（1）掌握家具设计各部位名称。 （2）掌握家具分解图绘制方法。 （3）掌握家具设计表达		
	素质目标	（1）培养学生创意思维能力。 （2）培养学生设计分析、审美能力。 （3）培养刻苦钻研、求真务实的能力		
任务要求	（1）分析内容：红蓝椅。 （2）提取元素：面元素			
提交内容	（1）完成红蓝椅设计分析。 （2）利用AutoCAD软件完成红蓝椅设计图、零件图。 （3）利用三维设计软件完成红蓝椅效果图。 注：以上内容全部A4纸横向排版、绘图、出图			

续表

项目	面元素家具造型设计与模型制作	总学时	8
任务	任务11.2　致敬经典——红蓝椅造型分析与设计表达	学时	3
考核标准	（1）红蓝椅设计分析全面、客观。 （2）红蓝椅设计图、零部件图表达准确，对重点部位进行尺寸标注。 （3）红蓝椅效果图应最大化地表现其全貌		
考核评价			

11.2.1　设计分析

红蓝椅是荷兰风格派代表作品。在项目2家具风格和项目5家具形态设计中对这把椅子均有所提及。由此可见，红蓝椅在家具造型设计领域是很经典、很有特点的。针对本次项目，红蓝椅体现出来的是大面积面元素和若干线元素的组合。为了更直观地展示红蓝椅各部分的形态，图11-5将其分解，使各零件可以独立呈现。

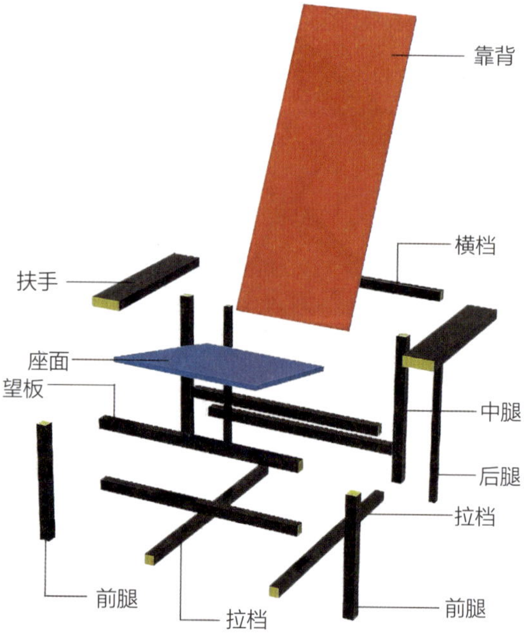

图11-5　红蓝椅分解图

11.2.2　设计表达

（1）红蓝椅设计图

遵循红蓝椅原设计比例与尺度，对其进行设计图绘制，如图10-6所示。

（2）红蓝椅零件图

根据图11-5和图11-6展示的零件位置及其尺寸，绘制红蓝椅零件图，如图11-7所示。需要注意，此零件图不含孔位及孔的预留尺寸。

（3）红蓝椅效果图

本次方案效果图绘制采用软件为3DMAX和Vray，色彩及搭配遵循原设计，如图11-8所示。

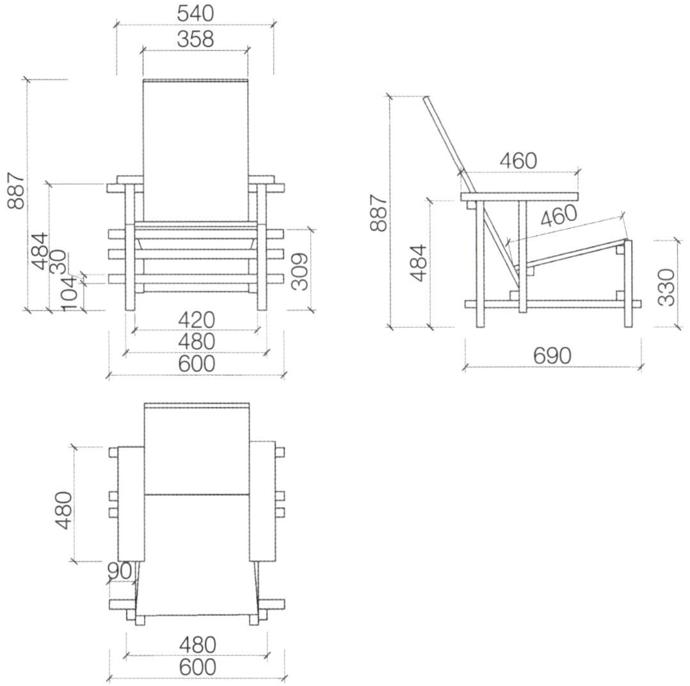

图11-6　红蓝椅设计图（单位：mm）

图11-8　红蓝椅效果图

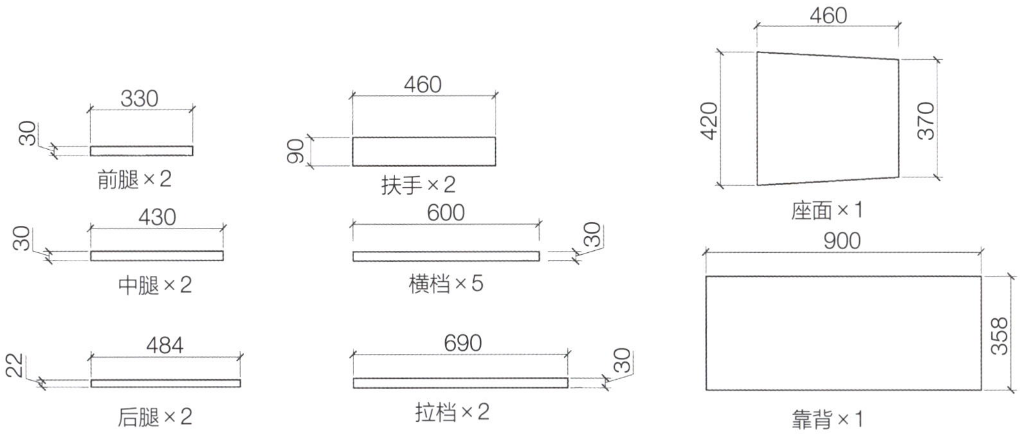

图11-7　红蓝椅零件图（单位：mm）

任务11.3 致敬经典——红蓝椅模型制作

任务书

<table>
<tr><th>项目</th><th colspan="2">面元素家具造型设计与模型制作</th><th>总学时</th><th>8</th></tr>
<tr><th>任务</th><th colspan="2">任务11.3 致敬经典——红蓝椅模型制作</th><th>学时</th><th>3</th></tr>
<tr><td rowspan="3">任务目标</td><td>能力目标</td><td colspan="3">（1）具备材料发掘和利用能力。
（2）具备模型工具的使用能力。
（3）具备对设计图的还原和表达能力</td></tr>
<tr><td>知识目标</td><td colspan="3">（1）了解模型制作常用工具。
（2）掌握家具模型制作方法。
（3）掌握不同材料之间的连接方式</td></tr>
<tr><td>素质目标</td><td colspan="3">（1）培养认真、细致的学习态度。
（2）培养动手制作能力，逐步树立匠人精神。
（3）培养洞察能力</td></tr>
<tr><td>任务要求</td><td colspan="4">（1）制作内容：红蓝椅。
（2）采用元素：面元素。
（3）制作用材：自选材料，可选用非家具常用材料</td></tr>
<tr><td>提交内容</td><td colspan="4">（1）完成红蓝椅模型制作。
（2）利用手机、相机、录像机等拍摄设备记录模型制作全过程，并制作成短视频。
（3）编辑制作步骤，并将步骤图文并茂地排版于A4横版纸上</td></tr>
<tr><td>考核标准</td><td colspan="4">（1）模型制作选材合理。
（2）可以熟练地掌握各类工具的使用方法。
（3）模型与原设计基本一致。
（4）模型制作流程详尽、清晰。
（5）模型制作视频拍摄清晰，编辑合理，有一定的视觉观赏性</td></tr>
<tr><td>考核评价</td><td colspan="4"></td></tr>
</table>

11.3.1 模型制作材料

提到面元素，想到的更多是平面的、面积较大的材料，如纸张、木板、铁板、玻璃等，这些物品都可以成为面元素家具模型制作的用材。

本次项目主要用材及工具（图11-9）如下。

材料：木板、丙烯颜料。

工具：铅笔、胶枪、胶棒、水粉笔、裁纸刀、尺子。

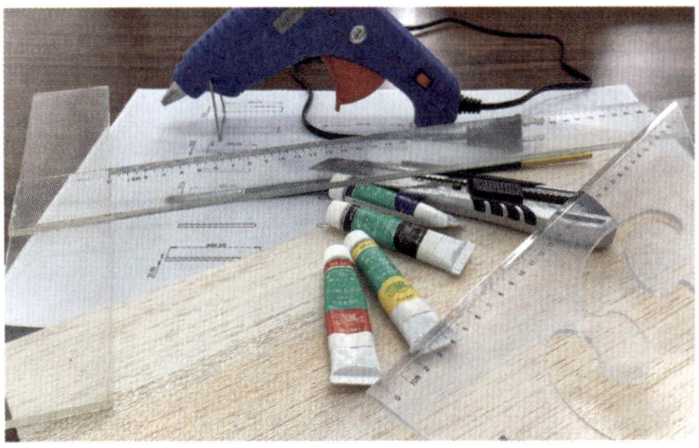

图11-9　红蓝椅模型制作材料及工具

11.3.2　模型制作步骤

步骤1：画线。在木板上按照红蓝椅零件图绘制等比例图形，如图11-10所示。

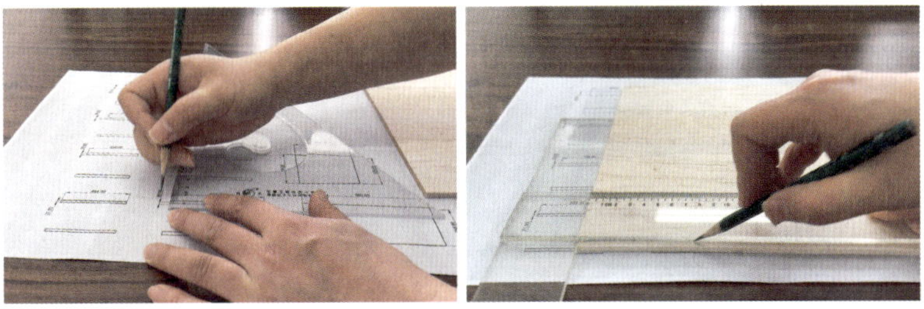

图11-10　画线

步骤2：红蓝椅零件制作。用裁纸刀或小台锯将木板按照铅笔线标注的位置裁切下来，注意裁切过程中尽量保留铅笔线，如裁切后的木板边缘毛糙可用砂纸打磨光滑，如图11-11所示。

图11-11　红蓝椅零件制作

步骤3：红蓝椅零件涂装。用丙烯颜料中的红色、蓝色、黄色和黑色，根据图纸要求对各零部件进行色彩涂装，如图11-12所示。

图11-12　红蓝椅零件涂装

步骤4：红蓝椅框架组装。将涂装、晾干后的木条按照图纸所标注位置进行粘贴和组装，如图11-13所示。

图11-13　红蓝椅框架组装

步骤5：红蓝椅靠背、座面组装，如图11-14所示。

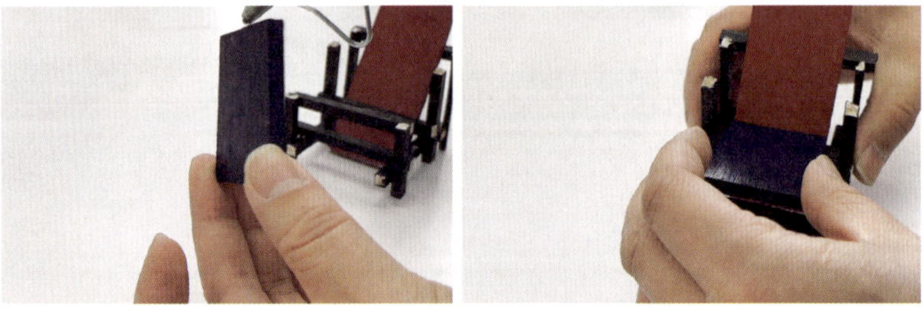

图11-14　红蓝椅靠背、座面组装

步骤6：成品展示，如图11-15所示。

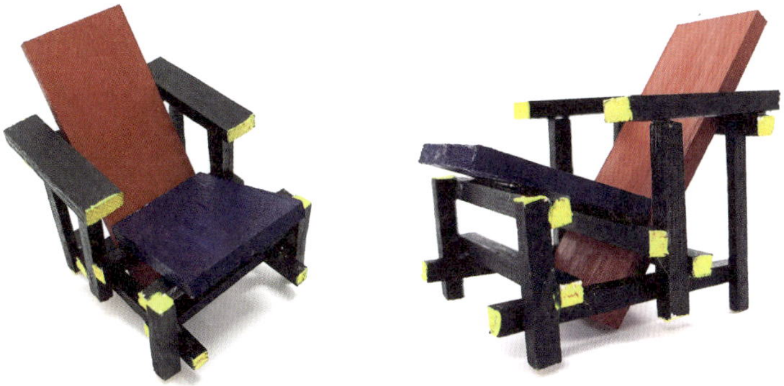

图11-15　红蓝椅成品展示

项目拓展　面元素家具设计与模型制作学生作品展示

作品一：沙发（图11-16）。模型用材：皮革。

作品二：座椅（图11-17）。模型用材：木板条、麻绳。

作品三：靠背椅（图11-18）。模型用材：木板条。

图11-16　沙发

图11-17　座椅

图11-18　靠背椅

项目12 创意家具造型设计与模型制作

项目描述

本项目为综合训练项目，旨在将前期所学知识内容进行综合运用，完成一件创意家具设计作品，并制作其模型。

项目目标

1. 掌握前期家具造型设计知识内容，并能够灵活地运用在任何类型的家具设计中。

2. 能够将设计思维变化过程进行有效的记录，从而获得设计灵感，创造具有创意的家具设计作品。

3. 掌握多种类型的材料结合方式，将结构与造型进行合理搭配。

4. 能够利用多种手段完成设计表达。

项目计划

项目任务	主要知识点	学时
任务12.1 创意家具造型设计	设计过程、方案起草、设计图、效果图	2
任务12.2 创意家具模型制作	工具、材料、制作过程	3
项目拓展 创意家具设计鉴赏	欣赏、评价	1

项目要求

1. 创意家具设计草图（含设计过程性草图和结果性草图）。

2. 创意家具设计图（三视图）。

3. 创意家具效果图及模型图片。

4. 创意家具模型制作视频。

注：1～3项内容需A4横向排版设计、装订，并设计制作项目封皮。

任务12.1　创意家具造型设计

任务书

<table>
<tr><th>项目</th><th colspan="2">创意家具造型设计与模型制作</th><th>总学时</th><th>6</th></tr>
<tr><th>任务</th><th colspan="2">任务12.1　创意家具造型设计</th><th>学时</th><th>2</th></tr>
<tr><td rowspan="3">任务目标</td><td>能力目标</td><td colspan="3">（1）具备将所学知识综合运用的能力。
（2）具备形体设计分析能力。
（3）具备设计表现能力</td></tr>
<tr><td>知识目标</td><td colspan="3">（1）掌握家具形体的设计与分析。
（2）掌握家具设计方案起草及设计表达</td></tr>
<tr><td>素质目标</td><td colspan="3">（1）培养学生创意思维能力。
（2）培养学生利用各类方法将设计方案呈现的能力</td></tr>
<tr><td>任务要求</td><td colspan="4">（1）设计内容：创意家具设计（题材不限）。
（2）设计要求：满足人体工程学要求；符合家具设计形式美法则相应设计要求；设计作品需在保证基础功能的前提下进行创意设计</td></tr>
<tr><td>提交内容</td><td colspan="4">（1）完成创意家具设计方案草图，草图中需体现设计思维变化过程；设计草图可通过正视图、轴测图、透视图等任意一种或多种表现形式较为完整地展现家具全貌。
（2）利用AutoCAD软件完成家具设计图。
（3）利用三维设计软件完成家具效果图。
（4）以上内容全部A4纸横向排版、绘图、出图</td></tr>
<tr><td>考核标准</td><td colspan="4">（1）设计草图清晰全面地展示家具造型的全貌。
（2）设计草图体现设计思维的发展过程。
（3）设计图对重要功能进行尺寸标注。
（4）设计效果图应最大化地表现家具全貌</td></tr>
<tr><td>考核评价</td><td colspan="4"></td></tr>
</table>

12.1.1　设计定位

设计内容：实木皮革休闲椅。

设计定位：可满足阅读、休闲、娱乐使用。

功能尺寸要求：参考项目4中的表4-1和图4-2。

12.1.2 方案设计

（1）设计过程草图

此款座椅设计定位为时尚、简约的休闲用沙发，因此在造型设计上趋向于运用几何形去构筑椅子的主体框架。实木皮革休闲椅设计过程性草图如图12-1所示。

第一步：用简单的线条勾勒出休闲椅的雏形。

第二步：考虑座椅功能性，座面高、扶手高等要满足人体工程学相关设计规范要求。结合国家标准及实际功能需要，不断调整侧面轮廓，最终形成扶手呈向下趋势、座面呈弧形的设计。

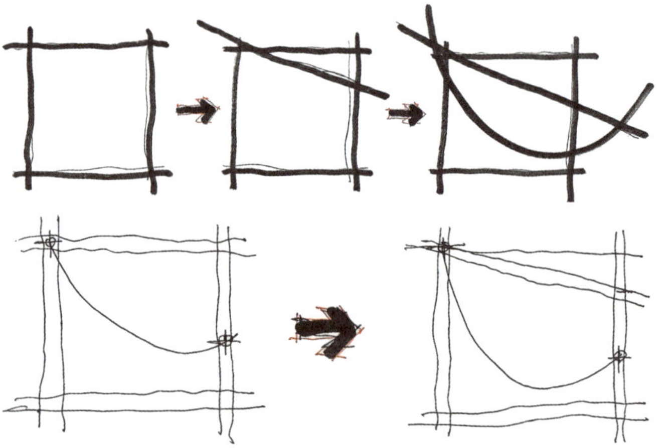

图12-1 实木皮革休闲椅设计过程性草图

（2）结构草图

休闲椅两侧四边形木框将采用榫卯结构进行连接，如图12-2所示。直角榫方便加工，暴露出的榫头可增加休闲椅的艺术表现性。

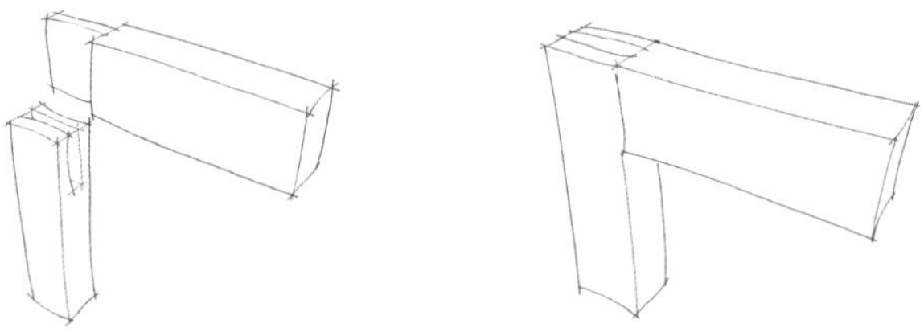

图12-2 实木皮革休闲椅结构草图

（3）方案草图

根据休闲椅侧面轮廓设计，进行座椅整体设计，细化扶手、靠背、座面等部位。实木皮革休闲椅方案草图如图12-3所示。

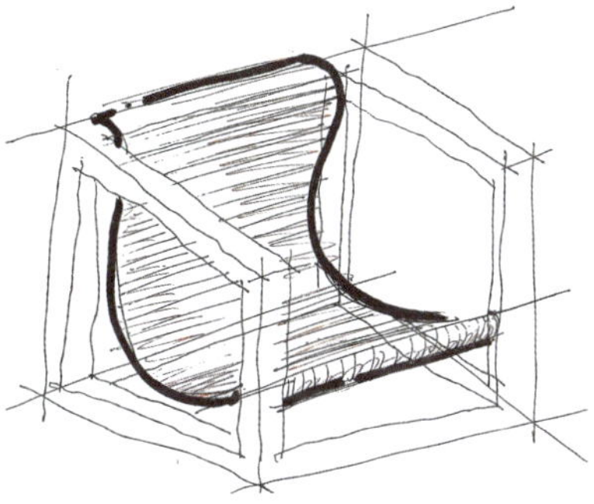

图12-3　实木皮革休闲椅方案草图

12.1.3　设计表达

（1）家具设计图

根据扶手椅人体工程学功能尺寸要求，确定本次设计方案的基础功能尺寸，并完成设计图的绘制，如图12-4所示。

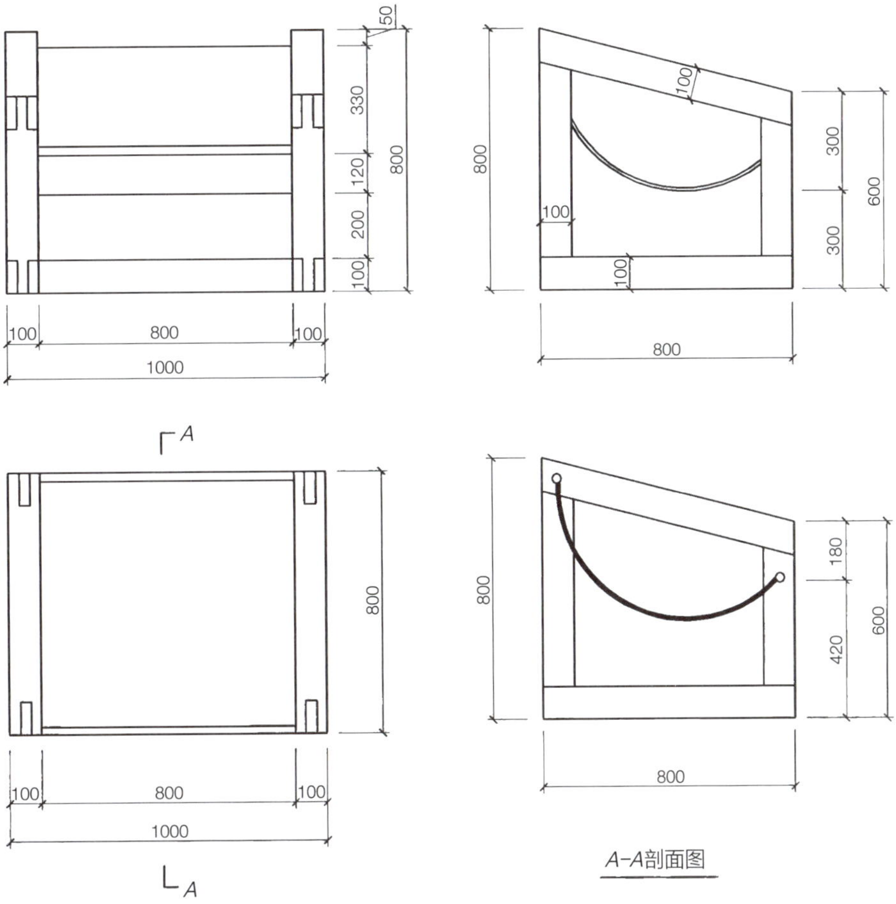

图12-4　实木皮革休闲椅设计图（单位：mm）

（2）家具效果图

本次方案效果图绘制采用软件为3DMAX和VRay。实木皮革休闲椅效果图如图12-5所示。

图12-5 实木皮革休闲椅效果图

任务12.2 创意家具模型制作

任务书

项目	创意家具造型设计与模型制作		总学时	6
任务	任务12.2 创意家具模型制作		学时	3
任务目标	能力目标	（1）具备材料发掘和利用能力。 （2）具备模型工具的使用能力。 （3）具备对设计图的还原和表达能力		
	知识目标	（1）了解模型制作常用工具。 （2）掌握家具模型制作方法。 （3）掌握榫卯结构的连接方式		
	素质目标	（1）培养认真、细致的学习态度。 （2）培养动手制作能力，逐步树立匠人精神。 （3）培养洞察能力		
任务要求	（1）制作内容：与任务12.1设计内容相同。 （2）制作用材：自选材料，可选用非家具常用材料			

续表

项目	创意家具造型设计与模型制作	总学时	6
任务	任务12.2　创意家具模型制作	学时	3
提交内容	（1）完成创意家具模型制作。 （2）利用手机、相机、录像机等拍摄设备记录模型制作全过程，并制作成短视频。 （3）编辑制作步骤，并将步骤图文并茂地排版于A4横版纸上		
考核标准	（1）模型制作选材合理。 （2）可以熟练地掌握各类工具的使用方法。 （3）模型与原设计基本一致。 （4）模型制作流程详尽、清晰。 （5）模型制作视频拍摄清晰，编辑合理，有一定的视觉观赏性		
考核评价			

12.2.1　模型制作材料

本次项目主要用材及工具（图12-6）如下。

材料：松木条、圆木棒、植鞣牛皮、蜡线。

工具：菱斩、皮革手缝针、手锯、凿子、电钻、铁锤、橡胶锤、直尺、美工刀、划线笔、刮胶板、玻璃板、长尾夹、皮革胶、皮革床面处理剂、气钉枪、砂纸。

图12-6　实木皮革休闲椅模型制作材料及工具

12.2.2 模型制作步骤

步骤1：下料。量尺画线，用手锯裁切松木条、圆木棒，如图12-7所示。

步骤2：制作直角榫。量尺画线，用手锯裁切榫头，用凿子、锤子制作榫眼，如图12-8所示。

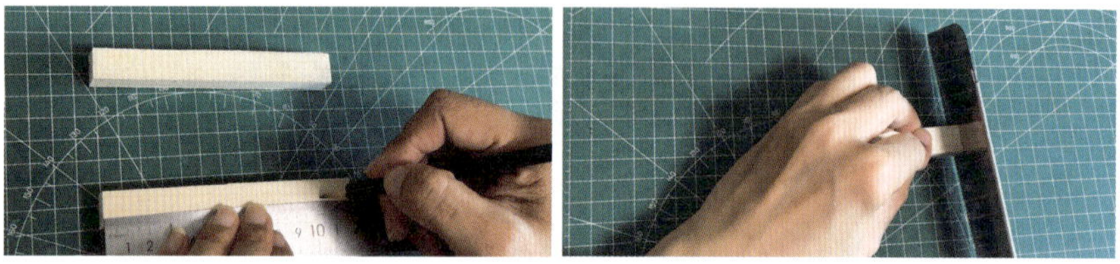

图12-7 下料

图12-8 制作直角榫

步骤3：直角榫结合。对实木皮革休闲椅两侧框架进行榫卯结合，需用胶加以固定，如图12-9所示。

步骤4：制作椅枨。使用电钻在休闲椅侧框上角及下角位置钻孔，安装圆木棒，用作椅枨。打磨圆木棒端部，使其便于插入木框孔。圆木棒与椅子两侧木框相连接，形成实木皮革休闲椅框架，如图12-10所示。

步骤5：椅背与座面下料。用直尺、划线笔在植鞣皮革上量尺划线，做好标记，然后用美工刀裁切植鞣皮革，获得椅背与座面材料，如图12-11所示。

步骤6：处理植鞣皮革。用皮革床面处理剂处理植鞣皮革肉面，用刮胶板把皮革床面处理剂涂匀、刮平。然后进行皮革边缘封边处理，使皮革边缘光滑。植鞣皮革肉面两侧涂胶粘贴，预留圆木棒尺寸，此步骤为接下来缝制皮革做定位、固定准备，如图12-12所示。

图12-9　实木皮革休闲椅两侧榫卯结构效果

图12-10　制作椅枨

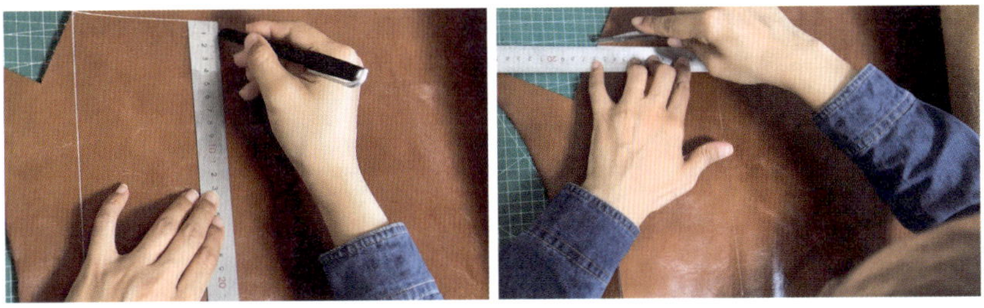

图12-11　椅背与座面下料

图12-12　处理植鞣皮革

步骤7：缝制植鞣皮革。用划线笔在皮革两侧重合处表面划线，做好标记。菱斩放置在划线标记处，用橡胶锤敲击菱斩，在皮革表面打孔。用蜡线将皮革手缝针穿入菱斩孔缝合，缝合后皮革两端会形成可插入圆棒的皮革空隙，如图12-13所示。

图12-13　缝制植鞣皮革

步骤8：木框与皮革组装。在皮革两端预留空隙处插入圆木棒，与休闲椅两侧进行拼装。用气钉枪将休闲椅底座固定，如图12-14所示。

图12-14　木框与皮革组装

步骤9：成品展示，如图12-15所示。

图12-15　实木皮革休闲椅成品展示

项目拓展　创意家具设计鉴赏

作品一：Hill House Chair高背椅（图12-16）。

Hill House Chair高背椅是一个完全由实木制成的家具，是苏格兰设计师查尔斯·雷尼·麦金托什（Charles Rennie Mackintosh）1902年设计的作品。此款座椅特点鲜明，线性几何形状和抽象图形体现了极简主义；靠背如同摩天大楼般高耸，让建筑美在家具中得以体现。

作品二：Maggiolina 甲虫椅（图12-17）。

Maggiolina甲虫椅是意大利设计师马可·扎努索（Marco Zanuso）在1947年完成的设计作品。Maggiolina甲虫椅摒弃了传统扶手椅观念，基于现代设计方法对设计元素进行了功能分解。优雅的管状不锈钢结构，一个牛皮材质的半刚性外壳和两个软垫，让扶手椅具有符合人体工程学要求的

图12-16　Hill House Chair高背椅

图12-17　Maggiolina 甲虫椅

舒适感，也因牛皮与金属材料之间的对比而产生现代感。

作品三：Tube Chair 管椅（图12-18）。

Tube Chair管椅设计于1969年，意大利设计师乔·科伦博（Joe Colombo）将四个空心圆柱体组成了一把多变的椅子。Tube Chair管椅采用旋转成型工艺制成，以获得可互换的元件。这些元件可以随意组装并以紧凑的方式固定在一起。从靠背到座面，每个单元都可以放置在多个位置，既个性又充满设计感。

作品四：Coconut Chair椰子椅（图12-19）。

Coconut Chair椰子椅由美国设计师乔治·尼尔森（George Nelson）于1955年设计。椅身采用玻璃钢压模，皮革打面，内部填充海绵，脚架为不锈钢。Coconut Chair设计原型来源于椰子，其是一件仿生家具设计。设计师将椰子分为八个部分，取其中之一作为椅子的外形。Coconut Chair椰子椅凭借着它可爱的造型、精简的结构和极大的视觉冲击力，成为20世纪50年代的经典设计。

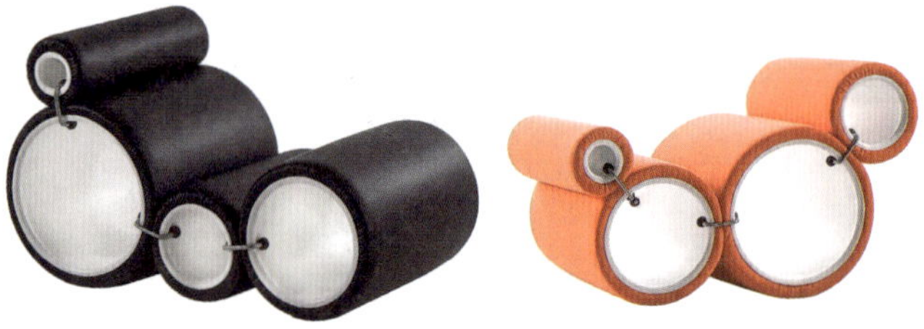

图12-18　Tube Chair 管椅

图12-19　Coconut Chair 椰子椅

参考文献

[1] 吴智慧. 室内与家具设计[M]. 2版. 北京：中国林业出版社，2012.

[2] 刘晓红. 家具涂料与实用涂装技术[M]. 北京：中国轻工业出版社，2013.

[3] 于伸，万辉. 家具造型艺术设计[M]. 北京：化学工业出版社，2009.

[4] 彭亮，许柏鸣. 家具设计与工艺[M]. 3版. 北京：高等教育出版社，2014.

[5] 程瑞香. 室内与家具设计人体工程学[M]. 2版. 北京：化学工业出版社，2016.

[6] 于伸. 家具造型与结构设计[M]. 哈尔滨：黑龙江科学技术出版社，2004.

[7] 宋魁彦. 家具设计制造学[M]. 哈尔滨：黑龙江人民出版社，2005.

[8] 朱毅. 家具造型与结构设计[M]. 北京：化学工业出版社，2017.

[9] 孙祥明，史意勤. 家具创意设计[M]. 北京：化学工业出版社，2010.

[10] 任成元. 家具设计——创意与实践[M]. 北京：人民邮电出版社，2018.

[11] 王逢瑚. 家具设计[M]. 北京：科学出版社，2010.

[12] 马未都. 马未都说收藏（家具篇）[M]. 北京：中华书局，2008.

[13] 陈根. 家具设计看这本就够了[M]. 北京：化学工业出版社，2019.